大藤峡水利枢纽发电优化调度研究

中水珠江规划勘测设计有限公司

易 灵　　胡良和　　王占海　　等 著

黄河水利出版社
·郑州·

图书在版编目(CIP)数据

大藤峡水利枢纽发电优化调度研究/易灵等著. —
郑州:黄河水利出版社,2022.9
ISBN 978-7-5509-3398-9

Ⅰ.①大… Ⅱ.①易… Ⅲ.①水利枢纽-发电调度-
研究-桂平 Ⅳ.①TV632.67

中国版本图书馆 CIP 数据核字(2022)第 177322 号

组稿编辑:王志宽 电话:0371-66024331 E-mail:wangzhikuan83@126.com

出 版 社:黄河水利出版社 网址:www.yrcp.com
　　　　　地址:河南省郑州市顺河路黄委会综合楼 14 层 邮政编码:450003
发行单位:黄河水利出版社
　　　　　发行部电话:0371-66026940、66020550、66028024、66022620(传真)
　　　　　E-mail:hhslcbs@126.com
承印单位:广东虎彩云印刷有限公司
开本:787 mm×1 092 mm 1/16
印张:11
字数:260 千字
版次:2022 年 9 月第 1 版 印次:2022 年 9 月第 1 次印刷
定价:88.00 元

前　言

　　大藤峡水利枢纽是国务院批复的《珠江流域综合规划（2012—2030 年）》和《珠江流域防洪规划》中确定的流域控制性工程，是西北江中下游防洪工程体系的重要组成部分；是广西建设黄金水道的关键节点和打造珠江—西江经济带标志性工程；是《珠江流域综合规划（2012—2030 年）》中提出的红水河、黔江河段 7 个梯级电站的最末一级；是《珠江流域及红河水资源综合规划》和《保障澳门珠海供水安全专项规划报告》中提出的流域重要水资源配置体系的组成部分。在流域防洪、提高西江航运等级、保证澳门及珠江三角洲供水安全、水生态治理等方面具有不可替代的作用。

　　大藤峡设计阶段基于水情测报的可靠性和防洪绝对安全角度考虑，主汛期 6—8 月按固定汛限水位运行，推荐的发电调度方式是汛期固定水位的测报预泄方案。这种调度方案侧重保证防洪绝对安全，但不利于水资源的综合利用，不利于西江亿吨黄金水道建设和灌区农业灌溉等。随着水情测报技术的快速发展，洪水预报精度越来越高，为水资源的综合利用和优化利用提供了技术保障。

　　中水珠江规划勘测设计有限公司在枯水期珠江水量调度、珠江流域防洪调度、西江干流生态调度、西江干流鱼类繁殖区水量调度、西江干流洪水资源化调度、红水河大唐梯级水库防洪调度等方面积累了丰富经验，早在 20 世纪 90 年代广东飞来峡水利枢纽勘测设计过程中，就将汛限水位动态控制技术应用于工程发电运行调度，经过 20 多年的运行，实践证明采用预报预泄的发电运行调度方式是可行的。2005 年以来，在大藤峡水利枢纽的前期勘测设计过程中，公司项目团队一直致力于大藤峡水利枢纽发电优化调度等方面的研究工作，在流域层面、工程层面统筹考虑防洪、航运、水资源和生态等方面与发电之间的关系，合理协调防洪和兴利之间的矛盾，为大藤峡水利枢纽立项开工建设做出了贡献。

　　本书凝聚了整个项目组的集体智慧，全书共分为 7 章。前言，由易灵编写；第 1 章概述，由胡良和、易灵编写；第 2 章流域径流变化规律研究，由胡良和、李文华编写；第 3 章流域干支流洪水遭遇规律研究，由王占海、李文华编写；第 4 章入库流量预报分析，由李文华、胡良和编写；第 5 章大藤峡水利枢纽工程发电优化调度，由朱磊、胡良和编写；第 6 章西江流域梯级水库群发电优化调度研究，由王占海、易灵编写；第 7 章发电优化调度风险分析及应对措施，由胡良和、朱磊编写。全书由易灵、胡良和统稿。

　　本书在撰写过程中还得到了水利部水利水电规划设计总院、水利部珠江水利委员会、广西大藤峡水利枢纽开发有限责任公司、中水东北勘测设计研究有限责任公司等单位领导和专家的大力支持和帮助，在此表示衷心的感谢！

　　限于作者理论水平和经验有限，本书难免存在不足和欠妥之处，敬请广大读者批评指正。

作者

2022 年 9 月

目　录

第 1 章　概　述

1.1　研究背景

大藤峡水利枢纽是国务院批复的《珠江流域综合规划（2012—2030 年）》和《珠江流域防洪规划》中确定的流域控制性工程，是西北江中下游防洪工程体系的重要组成部分；是广西建设黄金水道的关键节点和打造珠江—西江经济带的标志性工程；是《珠江流域综合规划（2012—2030 年）》中提出的红水河、黔江河段 7 个梯级电站的最末一级；是《珠江流域及红河水资源综合规划》和《保障澳门珠海供水安全专项规划报告》中提出的流域重要水资源配置体系的组成部分。在流域防洪、提高西江航运等级、保证澳门及珠江三角洲供水安全、水生态治理等方面具有不可替代的作用。大藤峡水利枢纽工程任务为防洪、航运、发电、补水压咸、灌溉等综合利用。

枢纽所在地广西近年来经济快速增长，电力供应紧张，尤其是广西环北部湾发展最快的防城港、钦州、北海用电需求呈跨越式增长，预计 2030 年广西需电量为 3 100 亿 kW·h，最大负荷为 56 000 MW。广西电力电量供应紧张，区内的电源无法满足经济社会对电力电量的需求，水电资源开发程度较高，火电厂发展与煤炭供应关系密切，但会增加二氧化碳排放量，不符合国家制定的"力争 2030 年前实现碳达峰，2060 年前实现碳中和"的战略目标。大藤峡水利枢纽充分利用西江水能资源，可向电网提供清洁能源，缓解广西区域电力紧张状况。

大藤峡水利枢纽设计阶段基于防洪绝对安全角度考虑，主汛期 6—8 月按固定汛限水位运行，推荐的发电调度方式是汛期固定水位的测报预泄方案，各个运行时段相应的坝前水位较低，尤其在主汛期 6—8 月，水量利用不充分，水量利用率为 79.97%；主汛期电站水头较低，平均水头为 16.71 m，而机组额定水头为 25.0 m，此期间机组运行效率不高。根据龙滩水库建成后大藤峡坝址日平均流量统计，主汛期（6—8 月）、次汛期（5 月、9 月）日平均流量小于或等于 7 088 m³/s 的概率分别为 58.6%、85.9%，故在汛期小流量时适当抬高水位运行将有显著的经济效益。此外，主汛期水库按 47.6 m 运行，预留出防洪库容，但这 3 个月出现来水偏枯时，水库渠化航道能力有限，2 000 t 级以上船舶到来宾、柳州尚有 54.2 km 航道需整治，柳江有 81.2 km 航道需整治，若按 3 000 t 级计算则通航问题更大，不利于西江亿吨黄金水道建设，且库区需要提水灌溉的 54 万亩（1 亩 = 666.67 m²）农田的提水扬程增加约 5 m，下游需大藤峡水利枢纽补水自流灌溉的 21 万亩灌区将受到影响。从航运、灌溉等需求方面考虑也需要进一步研究其与防洪调度间的优化调度方式。

大藤峡水利枢纽坝址以上控制流域面积为 19.86 万 km²，约占西江水系流域总面积的 56%，上游有天生桥一级、龙滩、光照等大型骨干水库，具有多年或年调节能力，骨干梯级水库合计调节库容 194 亿 m³（龙滩水库按现状考虑），具有较强的调蓄能力。合理确定各骨干水库蓄放次序,减少汛期弃水量,增加枯期供水量,可提高流域水资源综合利用率,研究流域水库群优化调度也十分有意义。

《国家发展改革委关于报送广西大藤峡水利枢纽工程可行性研究报告的请示》(发改农经〔2014〕2156号)下一步工作中明确提出了深入研究大藤峡水库调度的要求,"统筹水库参与流域防洪调度和减少库区淹没影响要求,充分考虑水文预报难度和实际可操作性,进一步深入论证水库汛限水位和调度规则,做好生态调度、水资源调度、发电调度的衔接,并研究制订流域各梯级水库、水电站联合调度运行方案,确保流域防洪安全"。《水利部关于大藤峡水利枢纽工程初步设计的批复》(水总〔2015〕222号)针对水库调度运行方式明确指出:本工程承担的任务多,范围广,水库调度涉及广西壮族自治区、广东省和澳门特别行政区,影响水库调度的边界条件复杂。为更好发挥工程的综合利用效益,下阶段应对大藤峡水利枢纽的防洪、航运、发电和补水压咸调度运行方案深入研究……。

因此,在发电调度服从水资源调度、水资源调度服从生态调度、但在汛期均应服从防洪调度的基本原则上,着眼于流域水资源综合利用的角度,立足于工程自身特点,在流域层面、工程层面统筹考虑防洪、航运、水资源和生态等方面与发电之间的关系,合理的协调防洪和兴利之间的关系,有效地避免汛期大量弃水、汛末蓄水期蓄水不足,造成洪水资源大量浪费的现象,研究采用预报预泄条件下的汛限水位动态控制方案,以实现枢纽综合效益最大化。因此,在满足防洪、航运、生态调度、控制库区淹没等需求的基础上考虑不增加库区淹没、不影响下游防洪、不影响通航,结合日渐完善的流域水情自动测报系统,在现有水情测报预报技术水平条件下,开展大藤峡水利枢纽发电优化调度研究工作具有重要的意义。

1.2　发电优化调度研究进展

水是生命之源、生产之要、生态之基,兴水利,除水害事关人类生存、经济发展和社会进步,历来是治国安邦的大事。在我国的历史发展中,水利工程的发展贯穿各个朝代,并推动了中华文明的发展,促进了社会、政治、经济的发展,加速了国家的产生。随着经济社会的发展、人民生活水平不断提升,对水的要求从简单的防御洪水灾害向追求水的综合利用价值转变。水利枢纽工程通常具有防洪、供水、发电等综合利用功能,通过设置防洪库容,减少下游洪涝灾害;通过设置兴利库容有助于解决水资源时间分配不均的问题,将丰水期多余的弃水拦蓄起来,枯水期可增加供水量,保障人民群众的用水安全,减轻干旱灾害的影响程度。同时,水的动能和势能可以通过水轮机发电,产生可再生清洁能源,降低火电在电网中的占比,减少碳排放。在经济社会高速发展的今天,水资源和能源资源已成为制约人类发展的要素之一,如何在保护生态环境的前提下高效合理利用水资源,成为国内外对水利枢纽工程研究的重点和热点,已建大型水利枢纽工程的发电优化调度研究便是其中的一个重要研究课题。

目前,我国大部分地区尤其是北方地区出现水资源危机,许多大中城市的水资源已成为国民经济和社会发展的重要制约因素。2022年7—8月,我国长江流域的降水量较常年同期偏少45%,为1961年以来历史同期最少,直接造成四川、重庆、湖北、湖南、江西、安徽6省(市)1 232万亩耕地受旱,83万人、16万头大牲畜因旱供水受到影响,由于水量减少,保障成都等负荷中心用电的水库已达死水位,水电发电能力锐减,电力供需严重失衡,不少地区不得不限电甚至停电,严重影响了生产和生活。

在气候变化环境下,极端天气多发,增加了水资源和能源的不确定性,如何在保护生态环境的前提下高效开发水资源,更好地发挥水库生产清洁能源的作用,成了人类对水利工程研究的重点和热点,而水库的发电优化调度便是其中的一个研究课题。

1.2.1 水库优化调度

随着电力市场改革进程的加快,水电占比越来越大,持续稳定的水电输出对人民生活生产的影响愈发重要,如何最大限度地发挥水电效益成了水库(群)调度研究的主要方向之一。水库调度是根据水库所承担的水利水电任务的主次和规定的运用原则,凭借水库的调蓄能力,在保证大坝安全和下游防洪安全的前提下,对水库的入库水量过程进行调节,实现多发电、提高综合利用效益的一种水库运用控制技术。水电站水库的运行情况与河川径流密切相关,河川径流的多变性和不重复性给水库运行调度带来很大困难。尤其是年调节水电站的水库,由于缺乏准确可靠的长期水文预报,在水库运用管理上往往容易造成人为的失误。例如,在供水期开始,为了多发电,水电站以较大出力工作,结果供水期还未结束,水库就可能提前放空,使电站在汛前一段时间里,以天然来水量发电,不能满足电站保证出力的要求,影响了电力系统的正常工作。反之,自供水期开始,由于担心以后来水少,为避免正常工作受影响,水电站在整个供水期均按保证出力工作,结果在下一个汛期到来时水库可能仍未放空,汛期水库又很快蓄满,造成大量弃水,这样就不能充分利用水能。以上情况也可能同样会发生在蓄水期。因此,水库调度在很大程度上依赖于未来径流情势,遗憾的是目前对未来径流尚无法准确预知。但是客观世界中的任何事物都具有一定的规律,可以认为,未来某个时段的径流情势是一个随机变量,对于某个调度期,可以根据各时段径流的概率分布,综合考虑防洪、蓄水、灌溉、城市供水与发电等各方面的要求,得到该调度期内预估的水库调度计划。这将涉及多个随机变量(每个时段径流均视为随机变量)的复杂运算。

发电优化调度的任务是,在保证水电站安全运行的前提下,通过分析已建水库的运行调度方式,利用工程和技术设施,合理调度入库径流,实现少弃水多发电,使水利工程的综合效益最大化。在中国知网数据库中,以"发电优化调度"为主题,共检索出水利水电工程学科的论文514篇,其中期刊论文351篇,学位论文131篇,会议论文32篇(见图1-1)。由发表论文年度趋势来看,1983—2022年,我国水利领域的学者对水库发电优化调度进行了持续的研究,2010年该主题的发文量出现峰值,并在2011—2022年保持较高的发文量,说明水库发电优化调度领域的研究方法在不断更新,优化调度在水电站的实际运行中起到较好的应用。由文献发表机构分布可知,华中科技大学对该主题的研究最多,其次是武汉大学、华北电力大学、大连理工大学等(见图1-2),高校是研究水库发电优化调度的主要机构。通过分析检索出的相关论文,梳理水库发电优化调度的研究进展。

水库常规调度以调度规则为依据,利用径流调节理论和水能计算方法来确定满足水库既定任务的蓄泄过程。常规调度虽然简单、直观,但调度结果不一定最优,而且不便于

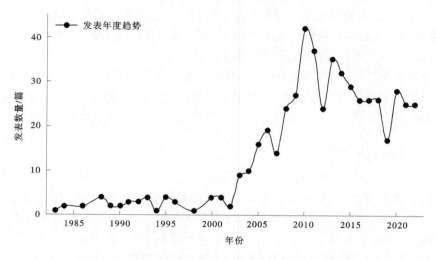

图 1-1　1983—2022 年"发电优化调度"文献当年发表数量变化

（来源：中国知网，下同）

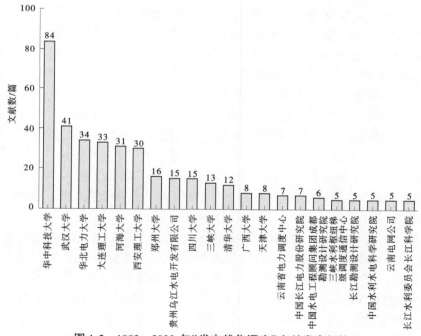

图 1-2　1983—2022 年"发电优化调度"文献发表机构

处理复杂的水库调度问题。优化调度则是以运筹学（或称系统工程学）为理论基础,建立
以水库为中心的水利水电系统的目标函数,拟订其应满足的约束条件,然后用现代计算技
术和最优化方法求解由目标函数和约束条件组成的系统方程组,寻求满足调度原则的最
优调度方式或方案。它是近 50 年来得到较快发展的一种水库调度方法,是在常规调度和
系统工程的一些优化理论及其技术基础上发展起来的。优化调度可在保护水库安全可靠

的条件下,解决各用水部门之间的矛盾,满足其基本要求,利用水库调度技术,经济合理地利用水资源及水能资源,以获得最大的综合利用效益。

从水库调度实践看,比较容易实现的发电优化调度方法有四种:一是加强短期水文预报,合理安排水库短期发电运行计划;二是丰水期提高水量利用水平;三是优化机组运行,抬高水头,降低发电耗水率;四是节约用水,尽量减少不必要的电量损失。1946 年,美国学者 Mases 将优化概念引入单一水库优化调度。1962 年,谭维炎对单一水电站长期调度的国内外研究动态进行了梳理和总结,提出单一电站的长期调度有时历法、统计法和预报法,并在 1963 年提出水电站的最优年运行计划,使用动态规划方法(初期运行水电站的最优年运行计划——动态规划方法的应用),将调度期内各时段天然径流看作具有一定的统计规律的随机变量,研究在各时段天然径流的各种可能组合下水库水位和最优出力的关系。1987 年,黄强用大系统递阶控制理论和方法、逐步优化 POA 法和动态规划 DP 法对水电站优化调度进行求解,三种方法求解出的发电量均大于常规调度,且大系统方法可将水库群分解成单一水库求解,占用内存小,运行速度快,具有更广泛的适用性。曹瑞等研究了短期径流大幅波动会增加水库的弃水风险,提出了蓄水期弃水量化方法,将弃水风险以弃电损失函数融入优化模型,获得了更符合实际的长期调度方案。

随着水库数量的增加,对水电站优化调度的研究逐渐由单一水库的优化调度转向水库群的优化调度。水库群有串联、并联和混联三种形式,水库群的优化调度方法以单一水库优化调度的理论和方法为基础,针对水库群的特征,开展优化算法的研究。1982 年,叶秉如等以古典优化法为基础,结合了递推增优计算,提出了并联水电站水库群年最优调度的动态解析法。2002 年,王仁权等用逐次逼近算法,针对福建梯级水电站群建立了短期用水最小模型,使水库群在满足水电系统负荷的同时,追求在控制期消耗最少的水能,以提高水电系统的经济效益。2013 年,郑娇等针对水库群发电优化调度的高维性和复杂非线性,提出了一种收敛性全面改善的改进自适应遗传算法,并以典型入库流量下三峡梯级水库发电优化调度为实例进行研究,结果显示该方法克服了遗传算法早熟的问题并提高了算法的收敛性。

1.2.2　汛限水位研究进展

水库汛期限制水位,也称汛限水位,是为预防可能出现的洪水,确保大坝及下游安全,汛期水库允许蓄水的上限水位。在工程设计中,通常在实测序列中每年选一个最大值(不管发生在何月何日),根据该最大值序列进行频率计算推求设计暴雨(或洪水),再经过产汇流、调洪计算推求汛限水位。汛限水位是防洪与兴利的结合点,不仅设计时需要考虑水库本身保坝标准、水库下游的防洪标准和灌溉、发电、供水等因素,还需要经综合分析和研究论证,确定汛限水位,而且实时调度中更需依据实时水、雨、工情动态控制汛限水位。

截至 2022 年,我国已建水库 9.8 万多座,多数大中型水库具有防洪与兴利的双重任务。大量水库兴建于 20 世纪 50—70 年代,受当时的发展水平、技术条件、水文设计资料系列短缺限制,未能结合当地暴雨洪水的季节性变化规律,对汛期进行合理划分,水库在整个汛期采用固定的汛期限制水位度汛,其结果往往出现水库汛期不敢蓄水且弃水较多、汛后却难以蓄满的不合理现象,一定程度上影响了水库综合利用效益的发挥。由于我国南方和北方分别属于亚热带季风气候和温带季风区域,大多数河川径流受到季风气候的影响,从而使水资源在年内分配和年际分配均呈现不均匀的现象,时空差异较大。因此研究洪水的季节性特点,掌握其变化规律,实现"控制洪水"向"管理洪水"的思路转变,尽可能趋利避害,贯彻落实"洪水资源化"的理念是一个值得深入探讨和研究的科学问题。

1.2.2.1 汛限水位静态控制方法研究进展

汛限水位静态控制方法分为固定汛限水位法和分期汛限水位法。固定汛限水位的水库运行方式为:水库在汛期允许兴利蓄水的上限水位为防洪限制水位。为了滞洪,水库在汛期应按照汛限水位运行,只有洪水到来时才允许水库水位超过汛限水位,洪水过后应迅速泄洪,将水库水位维持在汛限水位,以迎接下一场洪水。分期汛限水位的运行方式为:当汛期的洪水有明显的时间规律时,可将汛期分期,设置对应的汛限水位,水库在不同的汛期分期内按照对应的汛限水位运行,减少了汛期的弃水,增加水资源的综合效益。汛期分期是分期汛限水位制订的基础,我国学者对汛期分期做了大量的研究。

1. 汛期分期

在中国知网数据库中,以汛期分期为主题,共检索到 289 篇文献,其中期刊论文 215 篇,学位论文 54 篇,会议论文 14 篇(见图 1-3)。由相关主题发表年度可知,1998 年以前对汛期分期的研究较少,2004 年开始发文量逐渐增加,2007 年、2018 年出现峰值,且直到 2022 年均保持较高的年发文量。研究机构中发文最多的是武汉大学,其次是广西大学、河海大学、太原理工大学等,主要研究机构为高校(见图 1-4)。通过分析检索出的文献,梳理关于汛期分期的研究进展。

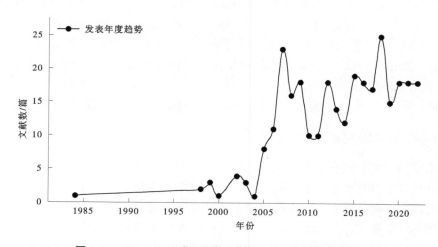

图 1-3　1984—2022 年"汛期分期"文献当年发表数量变化

汛期定义为江河连续涨水的时期。通常有两种含义:一是指河水自然起涨至回落的时期;二是指河水上涨和回落至某一水位(或流量)须进行防守的时段,即防汛期。由于第一种含义一般难以明确界定,因此在实际工作中大多采用第二种含义,即规定河水开始超过防守流量(或水位)时进入汛期。结合流域汛期的特性,开展水库汛期分期研究是进行汛限水位研究的基础,汛期划分的科学与否直接关系到汛限水位确定的优劣,进而影响到水库防洪、兴利调度的质量,对水库防洪、洪泛区管理及实现洪水安全利用都具有重要意义。

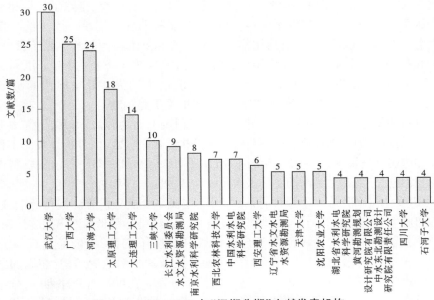

图 1-4 1984—2022 年"汛期分期"文献发表机构

汛期的变化规律具有确定性、随机性、模糊性和过渡性,对应汛期分期的方法有:成因分析法、模糊集分析法、矢量统计法、系统聚类法、变点分析法、分形分析法等。这些方法各有自身的特点:成因分析法建立在对流域水文、气象分析的基础上,但有一定的主观性。1982年,冯尚友等以丹江口水库为研究对象,综合分析了流域的气候特征、暴雨和洪水特性等气象水文特征,采用成因分析和统计分析方法,把丹江口水库汛期分为前、中、后三期,并进行了安全可靠性和经济合理性分析,通过实践调度运行结果验证了其研究的现实意义。

模糊集分析法集成因分析和模糊统计于一体,并考虑了汛期在时间上的模糊性,但在拟合分布函数以及分期的临界隶属度的选择上带有一定的主观性。20 世纪 80 年代,陈守煜创建了模糊水文水资源学,将中国传统哲学思想与模糊理论相融合,突破了人们对传统水文学的观念和认知。陈守煜认为汛期在时间上本身存在模糊成分,汛期和非汛期也存在着"亦此亦彼"的联系,进而提出了水文成因、概率统计、模糊集分析相结合的汛期分期思路。金保明等采用模糊统计法推求汛期流域水文特征值经验隶属函数,并运用参数法拟合经验隶属函数,综合确定了闽江上游南平市的汛期分期,为汛期防汛指挥调度提供了科学依据。

矢量统计法是 Cunderlik 于 2004 年针对汛期分期方法存在的问题提出的,该方法认为洪水的季节性分期可以依据矢量的方向性来判断,把每场取样洪水看作一个矢量,根据每个矢量之间的方向相似性来判断分割点,即作为汛期分期点。在实际应用中发现,当洪水样本的发生时间有较多重叠时,在矢量图上无法反映,给单纯依据时间点密度划分汛期的矢量统计法的使用带来不便,且当洪水样本中有较多枯水年时,枯水年样本时间密度较大地影响了汛期的划分。吴东峰等针对矢量统计法在汛期分期应用中的局限性,提出将极值量级叠加到时间向量上的改进方法,并以实例分析了改进后的矢量统计法在汛期分期应用中的适用性,结果显示改进后的矢量统计法克服了统计值时间重合,统计点反映信息单一的缺陷。

系统聚类法的优点：利用样本之间的距离最近原则进行聚类，排除了选取指标阈值带来的人为因素的影响。采用多因子样本进行聚类，能够消除采用单一因子给分期划分带来的片面性。高波等以滦河为例，选用描述流域降雨和洪水特性的 6 个因子，计算流域元素之间的相似系数，以构成模糊相似矩阵，然后通过系统聚类分析，进行了汛期的分期分析计算，得出滦河流域的主汛期为 7 月至 8 月中旬，后汛期为 9 月中旬和下旬，6 月为前汛期，8 月下旬和 9 月上旬为过渡期，与海河流域相关研究相吻合。

变点分析法划分汛期可精确到日，并且在一定程度上更为客观、可靠，但需要取样满足特定分布，且需较长的实测径流、雨量资料；分形分析法比较客观，但分析计算的工作量比较大。刘攀等选用宜昌站 1882—2001 年的汛期（6 月 1 日至 9 月 30 日）日流量资料作为分析对象，用均值变点分析方法对汛期每日最大洪峰构成的时间序列进行分期，同时选择一定的阈值，在假定发生概率服从二项分布的条件下，应用概率变点分析方法进行分期，通过比较变点分析和概率变点分析的结果，认为概率变点分析方法更适用于水库汛期的分期计算。

分形分析法的两个重要特征在于自相似性和标度不变性，一般通过计算分形维数（简称分维）来描述分形的特征。洪水时间序列一般都具有精细的结构，在局部细节上呈现整体的锯齿形状，表现出洪水时间序列的自相似特性。在洪水时间序列中，分维反映了洪水时空分布变化情况，表征了洪水的复杂性、不规则性和演化性等规律性，可将具有相同或相近维数散点序列所处的时间段作为同一洪水分期。董前进等用分形理论对三峡水库汛期洪水进行了分期研究，金保明等用分型理论对建阳市暴雨洪水发生的季节和分期规律进行了研究，均取得了较好的结果。

2. 分期汛限水位

分期汛限水位是根据洪水的季节性特点，把汛期划分为几个阶段，针对不同阶段采用合适的方法确定并执行各阶段的汛限水位。与固定汛限水位相比，使用分期汛限水位可以减少汛期的弃水，增加水电站的发电效益，使得防洪与兴利更有效地结合起来。目前，确定分期汛限水位有如下几种方法。

1）设计洪水过程线法

设计洪水过程线法是在汛期分期的基础上，按照水库设计洪水频率计算各分期相应频率的设计洪水，按水库运行调度规则进行分期调洪演算，确定分期汛限水位。若分期设计洪水过程线计算出的防洪库容小于全年最大设计洪水过程线推出的防洪库容，说明分期汛限水位降低了水库的防洪标准，应将全年最大设计洪水替换最大分期设计洪水拟定相应的分期设计洪水，其余各分期仍采用分期设计洪水成果，重新进行调洪演算，确定分期汛限水位。华家鹏认为传统推求分期汛限水位的方法没有考虑年概率的问题，推荐使用组合频率法和库水位法，用实测资料推求分期汛限水位和相应设计洪水。

（1）组合频率法。

与传统方法不同，组合频率法是在水库汛期分期的基础上，设定不同的分期汛限水位，对分期设计洪水进行调洪演算，推求对应的设计洪水位，取最大值，绘制年最高水位频率曲线。由该曲线可查出任何频率的最高设计水位。

（2）库水位法。

库水位法是对各年各分期最大洪水过程，在某一组特定的分期汛限水位下，分期调洪演算，求出分期最高水位，取分期水位最大者作为该年最高库水位，并对年最高库水位进行频率计算,求出年最高设计洪水位。

2)模糊统计法

模糊统计法以模糊数学理论为基础,通过模糊统计试验推求汛期经验隶属度,借助正态分布函数对经验隶属函数拟合,得到理论隶属度,再以理论隶属度为权重计算水库的防洪库容,由水位库容关系曲线来确定水库的汛限水位。运用模糊分析法推求水库汛限水位的核心在于理论隶属度的确定。由此确定的汛限水位过程线是一条圆滑的曲线,水位没有出现突变的情况,与实际情况相符。高鸿磊用模糊分析法推算出白石水库前汛期的起调时间相比之前推迟了一个月,后汛期起始时间提前了 10 d,减少了水库的弃水量。

3)多目标优化法

水库防洪与兴利是一对矛盾体,汛期调度既要追求风险最小化,又要追求效益最大化,因此可采用数学规划的方法进行求解,其目标函数就是防洪、兴利等综合效益的最大化。刘攀等对简单遗传算法进行了多目标优化,建立了一种改进的多目标遗传算法,以三峡水库为研究对象,利用 1882—2003 年宜昌站汛期的实测日流量资料进行模拟优化,结果表明,多目标遗传算法推求出的分期汛限水位可显著提高水库兴利效益。胡振鹏等在丹江口水库的防洪运用调度中,将汛期划分成三段,权衡防洪、发电、灌溉三者的关系,通过分解-聚合模型求解得到了分期汛限水位的非劣解。

1.2.2.2　汛限水位动态控制

静态控制方法没有考虑降雨和洪水的预报信息,无法挖掘水库兴利潜力,造成了一定程度上洪水资源的浪费。随着水文气象预报技术的高速发展,实时水文预报精度和预见期都有所提高,国内学者针对传统水库防洪调度中的问题,开展了一系列关于汛限水位动态控制的研究。在中国知网数据库中,以"汛限水位动态控制"为主题,共检索到相关论文 360 篇(见图 1-5),从 2002 年开始,该主题的发文量逐渐提升,2011 年,该主题的发文量达到峰值,汛限水位动态控制理论不断完善,逐渐被应用到实际工程中。高校是研究该主题的主要研究机构,大连理工大学、武汉大学、河海大学等对该主题的研究较多(见图 1-6)。本章节根据检索出的文献进一步分析,梳理出汛限水位动态控制的研究进展。

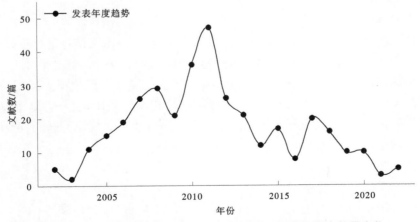

图 1-5　2000—2022 年"汛限水位动态控制"文献当年发表数量变化

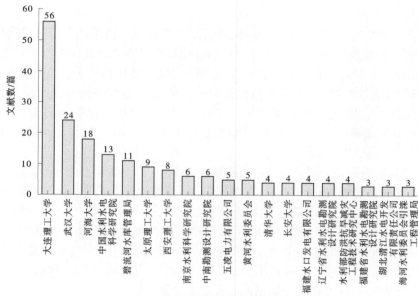

图 1-6　2000—2022 年"汛限水位动态控制"文献发表机构

水库运行过程中,实时监测的确定性信息、基于物理成因理论的比较确定性信息和基于随机理论的统计信息以及决策人基于上述信息和调度经验所得到的推理型模糊性信息均是控制汛限水位的重要信息,根据水库实际调度过程中汛限水位确定主要利用的信息及采用的数学理论,主要可分为以下几种动态控制方法。

1. 综合信息推理法

该方法是一种综合考虑降雨与洪水预报、实时水、雨、工情等信息的汛限水位动态控制方法,核心是依据综合信息和调度经验归纳出一个汛限水位、泄流量的控制规则集。运行多年,具有丰富的防洪兴利调度经验,且洪水预报精度高,降雨预报信息可用的水库,可试用本方法,建立其综合信息模糊推理模式。

2. 水文信息统计法

水文信息统计法主要是对历史不同量级的降雨、洪水等水文信息进行统计分析,计算降雨及洪水发生的概率分布,总结出洪水过程的发展规律,分析出与之相对应的设计洪水及其允许的起调水位。此方法侧重于统计理论,目前已经在实践中得到运用的有前后关联法和年内洪水特性法。前者研究发现年降雨总量相对比较固定,年内暴雨发生的概率是前后关联的;后者研究发现年内洪水发生的时空分布也是有规律可循的,可利用此规律分析出年内洪水发生的概率及时空分布等问题。

3. 水库调度模型法

1) 补偿调节法

补偿调节法适用于承担同一个下游防洪目标的水库群,根据水文不同步性或其库容差异,按下游防洪控制点要求进行补偿调度或错峰调度。当上游梯级或距离防洪区较远的并联水库有较大的防洪库容,可多承担汛期的防洪任务,使距离防洪区较近的水库实现汛限水位动态控制,提高发电效益。李玮等基于预报及上游水布垭水库库容补偿的汛限水位动态控制模型,推求了隔河岩水库汛期汛限水位动态控制方案,结果表明补偿调节可减少多年平均弃水量 4. 14 亿 m^3,增加发电量 1. 21 亿 $kW \cdot h$。

2)预蓄预泄汛限水位动态控制方法

预蓄预泄汛限水位动态控制方法是根据降雨、洪水预报信息,水库面临时刻水情,水库的泄流能力及约束条件,确定预见期内控制汛限水位值的方法。使用预蓄预泄法首先要确定合理的预见期,在预见期内预报无降雨时,水库按照自身泄流能力上浮汛限水位,增加洪水拦蓄量;预见期内预报有降雨时,根据雨量大小结合泄洪能力下调汛限水位,并留一定的余地,防止由于预报失误影响后期蓄水。牟宝权等用预蓄预泄动态控制方法对碧流河水库洪水进行调节,在不增加水库运行风险的前提下,显著增加了发电和蓄水的效益。

3)决策调度法

该方法依托水文预报,采用数学规划方法分析调度过程中实时信息及决策人的意见,确定汛限水位动态控制方案。该方法引入了更多实时信息,并参考决策人的意见,实现了调度过程中的动态控制。刘攀等以三峡水库为例,在调度过程中引入了实时调度中的可接受风险作为机遇约束,在调度末期,通过调度末水位来耦合传统的汛限水位。整个调度过程在不断的"预报–决策–实施"的向前卷动决策方法下运行,在不降低防洪标准的条件下,增加了发电效益。

1.2.3 有关成功经验介绍

20 世纪 90 年代初,大连理工大学王本德教授主持完成了水利技术开发基金项目"我国北方水库汛限水位控制方法及应用模型",并于 21 世纪初完成了 2002 年水利部设立的专题项目"水库汛限水位动态控制方法";此外,周惠成教授主持完成了国家自然科学基金项目"水库汛限水位动态控制及其风险分析理论与方法研究"等。2006 年,全国水库汛限水位动态控制研讨会在成都召开,水口电厂、三峡水库、丹江口水库等作为水库汛限水位动态控制的试点工程进行了汇报,介绍了汛限水位动态控制的应用成果。中水珠江规划勘测设计有限公司在设计飞来峡水利枢纽时,融入了汛限水位动态控制的理念,并在水库实际运行调度中取得了较好的成果。

1.2.3.1 工程简介

飞来峡水利枢纽位于清远市东北约 40 km 的北江河段上,是广东省最大的综合性水利枢纽工程。它以防洪为主,同时兼有发电、航运、供水和改善生态环境等作用,是北江流域综合治理的关键工程。飞来峡水利枢纽发电运行调度要求既不能加重上游 48 km 处英德平原的淹没,也不能给下游约 27 km 处的清远市城区及中小堤围造成洪水压力,同时还不能影响下游的正常通航。为满足枢纽上、下游的控制条件,20 世纪 80 年代末至 90 年代初研究采用提前 24 h 预报预泄的发电调度运行方式,取得了较好的效果,为飞来峡水利枢纽的建设奠定了良好的基础,促进工程于 1994 年 8 月动工建设。

1.2.3.2 汛限水位动态控制效果

飞来峡水利枢纽采用全年坝址小流量(小于 1 700 m^3/s)抬高到正常蓄水位 24 m 运

行,来流量大于 1 700 m³/s 时,结合预报,水库水位逐步降至 23~18 m,至 18 m 后进入防洪调度,这种预报预泄方式与汛限水位降至固定水位 23 m 相比,增加多年平均电量约7%,同时有效地降低了库尾英德市及英德盆地的淹没问题,这是固定 23 m 水位运行所无法满足的。北江飞来峡水利枢纽发电运行调度动态控制水位见表 1-1。

表 1-1　北江飞来峡水利枢纽发电运行调度动态控制水位

24 h 后预报流量/(m³/s)	库水位/m	备注
$Q_{预} \leqslant 1\,700$	24	正常蓄水位
$1\,700 < Q_{预} \leqslant 2\,500$	23	
$2\,500 < Q_{预} \leqslant 3\,000$	22	
$3\,000 < Q_{预} \leqslant 3\,500$	21	
$3\,500 < Q_{预} \leqslant 4\,000$	20	
$4\,000 < Q_{预}$	18	汛期限制水位

飞来峡水库自 1999 年建成运行以来,发电按以上设计运行方式运行调度了 15 年,实践证明采用预报预泄的发电运行调度方式是可行的,水库上、下游的矛盾协调得较好,水库运行状况良好。飞来峡水利枢纽工程大坝全景见图 1-7。

图 1-7　飞来峡水利枢纽工程大坝全景

1.3　大藤峡水利枢纽工程概况

1.3.1　地理位置

大藤峡水利枢纽工程位于珠江流域西江水系黔江干流大藤峡出口弩滩上,属广西壮族自治区桂平市,坝址下距桂平市彩虹桥约 6.6 km,控制流域面积 19.86 万 km²,占西江流域面积的 56%。具体位置见图 1-8。

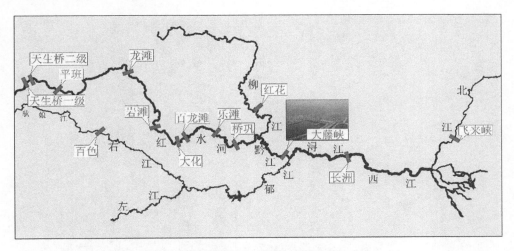

图 1-8 大藤峡水利枢纽工程地理位置示意

1.3.2 工程任务与规模

大藤峡水利枢纽是西北江中下游防洪体系中不可替代的控制性工程;是根本改善红柳黔地区航运条件,打通西江航运中线、北线通道,提升西江黄金水道航运能力与水平的关键性工程;是合理开发可再生水能资源,缓解电力紧张局面,优化能源结构的现实需要;是完善西江水资源配置体系,保障澳门、西江中下游及珠江三角洲地区供水安全的迫切需要;是桂中旱片地区人民解决干旱缺水问题、发展灌溉农业、兼顾城乡供水、改善生存条件、建设社会主义新农村的殷切期盼。

大藤峡水利枢纽工程任务为防洪、航运、发电、补水压咸、灌溉等综合利用。水库正常蓄水位 61.0 m,汛期限制水位(死水位)47.6 m,汛期 5 年一遇洪水临时降低水位至 44.0 m。水库总库容 32.77 亿 m³,防洪库容 15.00 亿 m³,防洪库容完全设置于正常蓄水位以下。船闸规模为 3 000 t 级。电站装机容量 1 600 MW,8 台机组,多年平均发电量 60.62 亿 kW·h,保证出力 365.8 MW。

大藤峡水利枢纽工程挡水建筑物由黔江主坝、黔江副坝和南木江副坝组成,坝顶长度分别为 1 243 m、1 239 m、648 m,最大坝高分别为 81.01 m、29.80 m、38.20 m。单级船闸集中布置在黔江主坝左岸;河床式厂房布置在黔江主坝,两岸分设,左岸布置 3 台机组,右岸布置 5 台机组;26 孔泄水闸布置在黔江主坝河床中部;黔江鱼道布置在主坝右岸。黔江主坝自右向左依次为右岸挡水段、右江厂房、泄水闸、左江厂房、船闸、船闸事故门库段等。黔江副坝为单一挡水建筑物,上部为复合土工膜心墙,下部为混凝土防渗墙石渣坝。南木江副坝由复合土工膜心墙石渣坝段、灌溉取水及生态泄水坝段和混凝土重力坝段组成,南木江鱼道过鱼口布置在混凝土重力坝坝段上。主要建筑物级别为一级,次要建筑物和二级上游围堰级别为三级,临时建筑物级别为四级。大藤峡水利枢纽工程大坝全景见图 1-9,大藤峡水利枢纽特征参数见表 1-2。

图 1-9　大藤峡水利枢纽工程大坝全景

表 1-2　大藤峡水利枢纽特征参数

项目	单位	特征值	备注
一		水文	
坝址以上流域面积	km²	198 612	
利用的水文系列年限	年	77	1936—2012 年
多年平均年径流量	亿 m³	1 310	
多年平均流量	m³/s	4 150	
实测最大流量	m³/s	45 600	1949 年 7 月 1 日
实测最小流量	m³/s	440	1955 年 4 月 26 日
调查历史最大流量	m³/s	51 000	1902 年 7 月
混凝土坝设计洪水流量	m³/s	67 400	$P=0.1\%$
混凝土坝校核洪水流量	m³/s	76 600	$P=0.02\%$
土石坝设计洪水流量	m³/s	67 400	$P=0.1\%$
土石坝校核洪水流量	m³/s	80 500	$P=0.01\%$
多年平均悬移质年输沙量	万 t	5 220	龙滩水库调节后 1 610
多年平均含沙量	kg/m³	0.412	
实测最大含沙量	kg/m³	6.19	1986 年 6 月 11 日
二		水库	
校核洪水位	m	64.10	$P=0.01\%$
设计洪水位	m	61.00	$P=0.1\%$

续表 1-2

项目	单位	特征值	备注
正常蓄水位	m	61	
防洪高水位	m	61	$P=1.0\%$
汛期限制水位	m	47.6	汛期 6—8 月按 47.6 m 运行
死水位	m	47.6	
防洪运用最低水位	m	44	当入库流量大于 20 000 m^3/s 时
正常蓄水位时水库面积	km^2	185.8	
总库容	亿 m^3	34.79	
正常蓄水位以下库容	亿 m^3	28.13	
防洪库容	亿 m^3	15	
调节库容	亿 m^3	16.07	
死库容	亿 m^3	12.06	
调节特性		日调节	
三		下泄流量及相应下游水位	
设计洪水位时最大下泄流量	m^3/s	54 600	
相应下游水位	m	46.41	
校核洪水位时最大下泄流量	m^3/s	70 700	
相应下游水位	m	50.27	
最小下泄流量	m^3/s	700	
相应下游水位	m	23.21	
发电最大引用流量	m^3/s	7 088	
相应下游水位	m	29.95	
四		工程效益指标	
装机容量	MW	1 600	8 台×200 MW
保证出力	MW	366.9	$P=95\%$
多年平均年发电量	亿 kW·h	60.55	
年利用小时数	h	3 784	
五		大坝(黔江主坝)	
坝型		混凝土重力坝	
坝顶高程	m	64.00	
最大坝高	m	80.01	
坝顶长度	m	1 243.06	

续表 1-2

项目	单位	特征值	备注
六		泄洪建筑物	
泄水高孔			
型式		开敞式实用堰	
孔数/孔宽	个/m	2/14	
泄水低孔			
型式		宽顶堰	
孔数/闸孔尺寸	个/(m×m)	24/(9×18)	

第 2 章　流域径流变化规律研究

　　珠江是我国南方最大河流,由西江、北江、东江及珠江三角洲诸河组成。西江是珠江的主干流,从源头自西向东流经云南、贵州、广西、广东 4 个省(自治区),集水面积宽广。本章基于已有数据资料,进行西江流域径流变化规律研究,分析流域径流序列统计特性、变化趋势、突变特性、周期性,以及径流年内分布特征,为发电优化调度研究提供理论与数据支撑。

2.1　研究资料及方法

2.1.1　研究资料

　　根据西江流域干支流控制站分布情况及水文测验资料情况,结合实际情况综合研判,选取南盘江天生桥站、红水河天峨站、黔江武宣站、浔江大湟江口站、西江梧州站、北盘江盘江桥站、柳江柳州站、郁江贵港站进行流域径流变化规律研究。选取的代表站及各主要梯级相对位置见图 2-1。

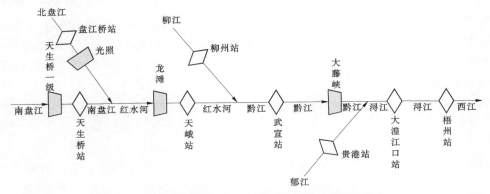

图 2-1　径流变化规律研究代表站与主要梯级位置节点

2.1.1.1　代表站实测资料情况

　　西江流域梧州站以上设有水文站 164 个、水位站 27 个。大藤峡水利枢纽以上有水文站 102 个、水位站 19 个。径流变化规律研究所选代表水文站均为国家基本水文站,具有 50 年以上的水文观测资料,观测项目较齐全。各水文站实测资料基本情况如下。

　　1. 天生桥水文站

　　天生桥水文站为南盘江下游主要控制站,位于广西壮族自治区隆林县桠权镇纳贡村,集水面积 50 780 km²。该站经三次搬迁改名,天生桥站最初设立于 1958 年 6 月,1960 年 4 月基本水尺断面下移 80 m,称天生桥(二)站,集水面积 46 641 km²,其后撤销。1963 年

1月,下设坡脚站,集水面积51 467 km²,1970年撤销。1965年4月由原长沙院在原天生桥站下游设立巴结站,位于天生桥一级水电站坝址上游12.4 km处,控制流域面积46 845 km²,至1968年底撤销,其间仅观测水位。贵州兴义水文队于1971年1月,在巴结站原基本水尺下游210 m处设立基本水尺,恢复水位、流量观测,有1971—1994年的观测资料,1994年之后由于天生桥一级水电站的建设,巴结站撤销。随后在其下游7.0 km处重新设有天生桥(水库)站。观测项目包括降雨、水位、流量。

天生桥水文站实测流量系列由原天生桥站、天生桥站(二)、巴结站、天生桥(水库)站实测资料按面积比换算至天生桥(水库)站。

2. 天峨水文站

天峨水文站是红水河上游的主要控制站,位于广西壮族自治区天峨县城六排镇上游,集水面积105 535 km²。天峨水文站的前身为龙滩(一)站,设立于1959年5月,1962年4月下迁6 km,称龙滩(二)站,1965年4月改为基本水文站,1973年改名为天峨水文站,观测项目包括降雨、水位、流量、泥沙。

该站测验河段比较顺直,主流随水位升高而自右向左移动;右岸为陡山岩壁,左岸为较陡山坡;中泓水位224.0 m以上,左岸有稀少草木,高水位无漫滩分流现象,下游200 m河槽向右急弯;河床均为石灰岩组成,河床稳定。

天峨水文站实测流量系列由龙滩(一)站、龙滩(二)站、天峨站实测资料按面积比换算至天峨站。

3. 武宣水文站

武宣水文站是黔江的控制性水文站,位于广西壮族自治区武宣县城南门外窑步码头,集水面积196 655 km²。该站设立于1934年12月,基本水尺断面位于相思码头,称武宣(一)站,1935年开始观测水位,同时进行流量测验;1944—1946年停测,1949年改为水位站;1952年又改为水文站,基本水尺断面上移820 m,称武宣(二)站,观测项目包括降雨、水位、流量、泥沙。

武宣站1952年以前的水位流量资料不完整,20世纪80年代,东北院对该站1936—1951年的水位、流量资料进行了整理插补。1952年以后,该站有完整的水位、流量整编资料。

该站测验河段顺直,主流不甚稳定,稍偏右岸。高水无分流、漫溢现象。在流速仪断面上游700 m处河槽左边有小石山一座,在中高水位时水流在小石山左右分流,使主流偏右。两岸为沙质土,易于冲刷,河底为岩石,河床稳定。

武宣水文站实测流量系列由武宣(一)站、武宣(二)站实测资料合并而成。

4. 大湟江口站

大湟江口(二)水文站位于浔江与甘王水道汇合口下游,集水面积289 418 km²。该站设立于1951年2月,观测项目包括降雨、水位、流量、泥沙。原站址(大湟江口站,集水面积288 544 km²)位于浔江与甘王水道相汇的江口镇上游1 000 m处,测验断面没能控制甘王水道的分流流量,当大藤峡水利枢纽水位达31.90 m(甘王断面达31.60 m)、大湟江口站的水位达25.00 m时,甘王水道开始分流,其分流流量约占大湟江口站洪峰流量的10%,一次洪水过程的分洪水量约占大湟江口站洪水总量的5%。甘王分洪站1955年设于南禄圩,1957 年停测,1958 年又在甘王水道的马禄村设站,1966 年停测。2007 年 1 月,大湟江口站下移 1.9 km 至甘王水道汇入口下游,称大湟江口(二)站。

大湟江口站测验河段顺直,主流稳定,黔江涨水该站水位约达 26 m 时,洪水则开始由弩滩甘王水道分流入大湟江至该站基本水尺断面下游约 1 000 m 处汇入,该站有时受大湟江顶托。水位在 34 m 以上左岸开始漫滩,超过 38 m 时漫溢达数千米,测流困难,上比降断面左岸低水位在 20 m 以下有浅滩露出,致使测流断面左岸有死水宽 20~50 m。基本水尺断面下游约 1 500 m 处有鲫鱼滩,起低水控制作用。右岸为岩石,不易冲刷,左岸为沙土间有崩塌,河床稳定。

大湟江口站实测流量系列由大湟江口(+甘王水道)站、大湟江口(二)站资料合并而成。

5. 梧州水文站

梧州水文站位于西江干流与支流桂江汇合口以下约 3 km 处,集水面积 327 006 km²。该站于 1900 年由伪梧州海关设立,1941 年 6 月底停测。1936 年 9 月由伪广西政府另于海关上游约 683 m 的大同码头附近设立为水文气象站。1940 年 9 月改为水文站。1944 年 9 月停测,到 1945 年 10 月恢复观测,1949 年 11 月由珠江水利工程总局接管并将基本水尺迁回海关码头。1951 年 5 月因断面位置不合,将测流断面迁设于下游约 2 km 的炮台山附近。1967 年 1 月将基本水尺向下游迁移 1 134 m(即梧州市深冲码头)处。观测项目包括降雨、水位、流量、泥沙。

该站测验河段尚顺直,在 23.00 m 水位时,右岸漫溢,在测流断面下游约 1 500 m 处有"鸡笼洲"兀立于河中,左岸为岩石,不易冲刷,右岸沙土及黄黏土,略有冲刷,河底系沙质土壤。

6. 盘江桥水文站

盘江桥水文站为北盘江干流中游控制站,位于贵州省关岭县新铺乡盘江桥,集水面积 14 492 km²。该站于 1945 年 4 月设立为水文站,1946 年撤销,1951 年 9 月复站,1953 年 6 月基本水尺由原盘江吊桥下游 680 m 处向上游迁移 610 m,1977 年基本水尺上移 1 810 m,观测项目包括降雨、水位、流量、泥沙。其中泥沙资料有 1956 年及 1989 年至今资料。

本站测验河段较顺直,两岸多乱岩石,河床峡谷。低水河面宽 30 m 左右,高水河宽不到 80 m,为天然"U"形河床,基本水尺上游 300 m 为连续浅滩,下游 610 m 为旧桥墩,中高水水流稍急,由于两岸乱岩石的影响,水流紊乱,基本水尺处高水时水面起伏度在 0.5 m 左右。

7. 柳州水文站

柳州水文站位于广西壮族自治区柳州市,是柳江干流下游控制站,集水面积 45 413 km²。该站设立于 1939 年 5 月 6 日,1944 年 9 月至 1945 年 9 月中断,其后恢复水位、流量观测至今。柳州水文站基本水尺断面 1939—1950 年位于柳州市黄村码头附近,称为柳州(一)站,1951 年 1 月下移 1 700 m,在柳州铁路桥上游 300 m 处,称为柳州(二)站,观测项目包括降雨、水位、流量、泥沙。

柳州(一)站上游 41 km 处于 1936 年设立柳城水文站,两站区间面积仅为柳州站控制面积的 1.3%,柳州站 1936—1938 年流量资料直接采用柳城站的资料;1939—1940 年实测流量资料精度较差,整编流量资料由水位资料查综合水位流量关系而得;1940 年以后有实测流量资料(缺 1944 年 9 月至 1945 年 9 月资料)。

柳州(一)站测验河段顺直,主流不够稳定,高水期两岸无漫溢现象,河底左岸为岩石,右岸为沙土,河左有深潭,基本水尺断面上游约 300 m 河道弯曲,下游 2 km 有柳江铁路桥,桥上游枯水季右岸有大沙滩。柳州(二)站河段顺直,高水期无漫溢现象,主流不稳定,随水位变化在起距 257~300 m 间摆动,河底为卵石夹砂,右岸略有冲淤,在基本断面水尺上游约 150 m,右岸有大沙洲,水位至 72.50 m 以上时淹没,由于沙洲影响,水位在72.50 m 以下,随水位下降起距 310 m 至右岸流向偏斜向右,低水期流向偏角很大,流速很小,基本水尺下游 300 m 有柳江铁路桥,建有水泥桥墩 11 座,水流收缩,上游形成急滩,可做各段水位控制,铁桥下游约 600 m 河道成大弯道,枯水期测流断面设于基本水尺上游270 m 的沙洲尾,基本断面右岸从 510 m 至 640 m 向上游约 15 m,向下游约 50 m,于 1967年铁道部门设抽水机井后,全部用石头护坡,1970—1971 年护坡继续向下游延伸至下浮标断面以下约 10 m,从 1971 年开始,上游龙江洛东水电站建成后,闸门的启闭对柳州(二)站枯水期的水位过程线成了波浪形,1974 年融江麻石电站也建设完成,全部改变了枯水期水位过程线形状。

柳州水文站实测流量系列由柳城站、柳州(一)站、柳州(二)站实测资料合并而成。

8. 贵港水文站

贵港水文站位于广西壮族自治区贵港市,距浔江、郁江汇合口 70 km,是郁江的主要控制站,集水面积 86 333 km²。贵县(一)水文站于 1941 年设立,1944 年 4 月停测;1947年 6 月在贵县(一)水文站上游设贵县(二)水位站,1949 年 8 月停测;1951 年 1 月在贵县(二)水位站下游约 500 m 处,设立贵县(三)水位站;1952 年 4 月下迁 1 500 m,称贵县(四)站,恢复流量观测;1989 年改称贵港站,观测项目包括降雨、水位、流量、泥沙。

1936—1940 年流量用横县实测水位经 $H_横 \sim H_贵$ 水位相关关系得贵县(四)站水位,由贵县(四)站水位流量关系推算,再经($Q_{武宣_{t-\tau}} \sim K$)顶托系数修正;1941—1943 年、1947—1948 年、1951 年至 1952 年 4 月 11 日资料分别由贵县(一)站水位、贵县(二)站水位、贵县(三)站水位转换为贵县(四)站水位,由贵县(四)站水位流量关系推算;1944—1946年、1949—1950 年资料由贵县站洪水峰量与南宁站洪水峰量相关关系推求;1952 年 4 月11 日以后有整编成果。珠江水利委员会规划处于 20 世纪 80 年代初对该站 1979 年以前的基本资料进行了复核整理,并于 1983 年对复核整理的资料进行了刊印。

贵港水文站实测流量系列由贵县(四)站、贵港站实测资料合并而成。

2.1.1.2　径流系列插补延长

各代表站实测资料系列情况见表 2-1。

所选取的径流变化规律研究代表站大部分具有长系列连序径流系列,需要且具备系列插补延长条件的有 4 个,插补延长情况如下。

1. 天生桥站

天生桥具有 1958 年 6 月至 1960 年 4 月、1971 年 1 月至今的径流系列;缺测的 1960年 5 月至 1962 年 12 月以下游蔗香站为依据,按面积比拟至天生桥站;缺测的 1963 年 1月至 1970 年以坡脚站为依据,按面积比拟至天生桥站。

表 2-1　径流变化规律研究代表站资料系列情况

序号	河名	站名	站别	集水面积/km²	资料系列/年	
					水位	流量
1	南盘江	天生桥	水文	50 780	1958 年 6 月至 1960 年 4 月，1971 年 1 月至今	1958 年 6 月至 1960 年 4 月，1971 年 1 月至今
2	红水河	天峨	水文	105 535	1959 年 5 月至今	1959 年 5 月至今
3	黔江	武宣	水文	196 655	1935—1944 年，1946 年 8 月至今	1941—1943 年，1947—1949 年，1952 年至今
4	浔江	大湟江口	水文	289 418	1951 年 2 月至今	1951 年 3 月至今
5	西江	梧州	水文	327 006	1900 年至 1944 年 9 月，1945 年 10 月至今	1941 年至 1944 年 9 月，1945 年 10 月至今
6	北盘江	盘江桥	水文	14 492	1953 年至今	1954—1961 年，1963 年，1966—1967 年，1984 年至今
7	柳江	柳州	水文	45 413	1936 年至 1944 年 9 月，1945 年 10 月至今	1936 年至 1944 年 9 月，1945 年 10 月至今
8	郁江	贵港	水文	86 333	1941 年 2 月至 1944 年 3 月，1947 年 7 月至 1949 年 7 月，1951 年 2 月至今	1941 年 2 月至 1944 年 3 月，1952 年 4 月至今

2. 盘江桥站

盘江桥站具有 1954—1961 年、1963 年、1966—1967 年、1984 年至今的实测径流系列，且具有 1953 年至今的实测水位系列，盘江桥站缺测流量年份以水位为依据，按邻近年水位流量关系推求。

3. 天峨站

天峨站具有 1959 年 5 月至今的实测流量系列，天峨站 1936 年 5 月至 1944 年 6 月、1945 年 6 月至 1959 年 4 月由下游东兰站水位资料插补，1944 年 7 月至 1945 年 5 月根据雨量资料插补。

4. 武宣站

武宣站具有 1941—1943 年、1947—1949 年、1952 年至今的实测流量系列，具有 1935—1944 年、1946 年 8 月至今的实测水位系列，武宣站径流系列插补延长在大藤峡水利枢纽可研阶段进行了插补，具体方法是：对 1951 年以前有水位、无流量的年份采用武宣（二）站综合水位流量关系确定，武宣（一）站、武宣（二）站的水位相关关系依据 1956 年、1962 年、1966 年、1968 年、1970 年、1976 年实测比降资料建立。对于水位资料不全或缺测的 1944—1946 年参照雨量资料及上下游径流相关插补。

2.1.1.3　径流还原计算

径流系列的还原采用分项调查还原法，还原公式如下：

$$W_{天然} = W_{实测} + W_{农灌} + W_{工业} + W_{生活} + W_{跨引} \pm \Delta V_{蓄变量} \qquad (2\text{-}1)$$

式中：$W_{天然}$ 为还原后的天然径流量；$W_{实测}$ 为水文站实测径流量；$W_{农灌}$ 为农业灌溉耗损量；$W_{工业}$ 为工业用水耗损量；$W_{生活}$ 为城镇生活耗损量；$W_{跨引}$ 为跨流域引水量，引出为正、引入为负；$\Delta V_{蓄变量}$ 为水库蓄水变量。

还原的主要项目包括：农业灌溉、工业和生活用水的耗损量，跨流域引入、引出水量，河道分洪决口水量，水库蓄水变量等。还原计算采取收集资料和典型调查相结合的方法。凡有观测资料的，根据观测资料计算还原水量；没有观测资料的，通过典型调查分析进行估算。还原以"月"为时段，尽可能逐年逐月进行还原计算；如确有困难，选择丰、平、枯典型年份用水情况，调查其年用水耗损量及年内分配情况，推求其他年份的还原水量。还原计算根据河系自上而下、按水文站控制断面分段进行，然后逐级累计成全流域的还原水量。对于还原后的天然年径流量，在进行干支流、上下游和地区间的综合水量平衡分析，以便检查其合理性。具体包括以下几方面的检查：

（1）对工、农、牧业、城市生活用水定额和灌溉面积、回归水量等资料的检查，以水资源公报为基础，结合工农业特点、发展情况、水利工程建设和气候、土壤、灌水方式等因素进行部门之间、地区之间和年际之间的对比分析，检查其合理性。

（2）点绘水文站以上流域年平均降水量，并对还原后年径流深关系图进行检查，检查时将历年不受或少受水利工程影响的点子绘入。发现当年点子突出偏离时，分析其原因。如因降水过于集中或分散，或下垫面条件有较大改变而造成偏大、偏小，亦分析原因。

（3）进行上下游、干支流和地区间的综合水量平衡计算，分析还原后的径流量在流域面上是否平衡合理。

2.1.1.4　径流系列代表性分析

经过径流系列插补延长和还原计算，得到了 8 个代表站天然月径流系列均在 50 年以上，其中天峨、武宣、梧州、柳州等站系列长度接近 80 年（1936—2016 年，少数年缺）。由于进行大藤峡水利枢纽发电优化调度需采用长系列逐日资料，本次研究获取到的相关站逐日资料系列为 1959—2009 年，在径流系列代表性分析中分别对 1936—2016 年、1959—2009 年系列进行对比分析。选取分别位于西江干流上、中、下游的控制站天峨站、武宣站、梧州站进行径流系列代表性分析。

如图 2-2 所示，西江干流控制站天峨站、武宣站、梧州站年平均流量过程基本一致。点绘各控制站年平均流量差积曲线图（见图 2-3 ~ 图 2-5），可见天峨、武宣、梧州三站 1936—2016 年、1959—2009 年系列均包含丰、枯水段，1959—2009 年系列相对于 1936—2016 年系列无明显偏丰或偏枯。

统计天峨站、武宣站、梧州站 1936—2016 年、1959—2009 年年平均流量系列均值、变差系数 C_v 值，将年平均流量大于多年平均流量15%的年份视为丰水年，反之视为枯水年，其余年则视为平水年进行划分，统计丰、平、枯水年数情况，见表 2-2。由表 2-2 知，从统计参数均值、变差系数来看，1959—2009 年系列与 1936—2016 年系列相差不大，均值相差最大的梧州站仅相差 1.6%，变差系数仅天峨站相差 0.01；从丰、枯水年数上看，不论是 1959—2009 年系列还是 1936—2016 年系列，丰、枯水年数均相当，平水年数较多。

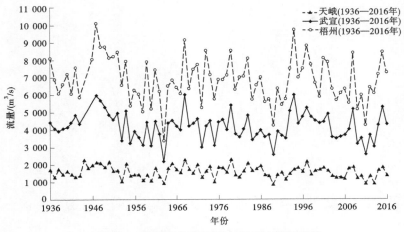

图 2-2　西江干流控制站年平均流量过程线

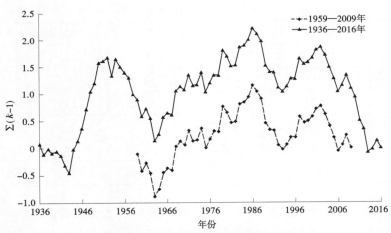

图 2-3　天峨站年平均流量差积曲线

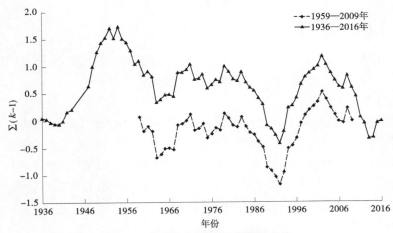

图 2-4　武宣站年平均流量差积曲线

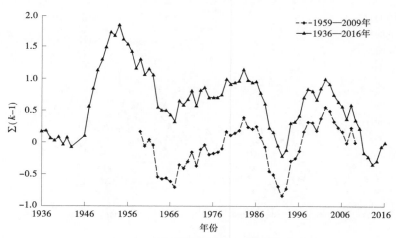

图 2-5　梧州站年平均流量差积曲线

表 2-2　西江干流控制站年平均流量统计

测站	统计系列	均值/(m³/s)	变差系数 C_v	丰水年数	平水年数	枯水年数
天峨	1936—2016 年	1 600	0.22	19	42	20
	1959—2009 年	1 600	0.21	10	29	12
武宣	1936—1943 年、1947—2016 年	4 190	0.19	16	47	15
	1959—2009 年	4 150	0.19	8	35	8
梧州	1936—1943 年、1946—2016 年	6 870	0.18	18	45	16
	1959—2009 年	6 760	0.18	10	31	10

综合上述分析,西江干流控制站 1959—2009 年系列代表性较好,统计参数及丰枯情况与 1936—2016 年系列相差不大,结合发电优化调度要求,本章以 1959—2009 年年径流系列、月径流系列为基础进行流域径流变化规律分析。

2.1.2　研究方法

水文时间序列可分为确定性成分和随机性成分两部分,确定性成分有周期成分和非周期成分之分。非周期成分通常包括趋势、跳跃和突变。

2.1.2.1　趋势性分析

水文序列的数据随时间呈连续性的变化,这种规律性的改变叫作趋势。水文序列之中的趋势成分通常是由于自然原因和人为原因产生的。比如气候原因导致的年际改变如果呈现出某种极为明显的趋势,年降水量等的时间序列很可能呈现相对应的趋势,为了排除时间序列之中的趋势成分,需要检测分析导致该成分出现的具体的趋势和物理原因,并利用数学公式加以表示,起到排除该成分的作用。

2.1.2.2　跳跃性分析

跳跃指的是水文序列突然发生很大变化的一种形式,如果水文序列从某状态变化为另一种状态,通常会呈现出跳跃的形式。跳跃也是由于人为或者自然因素造成的。比如,某地因为修建水坝,坝下年最大流量会有显著的差别,这就是人为因素导致的跳跃,而此种变化会引起该地区最大流量时间序列平均值等参数的改变。为清除时间序列之中的跳跃部分,需要检测出跳跃成分以及起因,再进行清除。

2.1.2.3 突变性分析

水文序列常常由于人为或者自然因素发生突变,但是突变过去之后就会恢复原来的状态,因此这也可以作为一种特殊的跳跃现象。比如,因为地震阻拦截断河流,出现临时水库,导致河流流量突变、冲毁水坝之后,流量又会恢复。因此,常常将水文序列的突变作为跳跃的特殊情况进行处理。

2.1.2.4 周期性分析

水文现象随着时间的推移会发生很多变化,但是这些都可以看作是有限多个周期性波相互叠加形成的。比如,影响水温改变的因素就很复杂,这里的周期并非严格意义上的物理周期,而是概率上的周期,换句话说就是,可以理解为水文现象出现以后,过去特定的时间,该种现象再次出现的可能性会很大。

周期部分是一种确定性部分,是受到地球公转和自转的作用而产生的。比如说,每月的降水量等水文特征的时间序列就是受到此种影响,很显著地存在以一年为周期的周期成分;每日相同的气温等序列,因为日夜大气不相同的影响,存在以 1 d 为周期的周期成分。

结合大藤峡水利枢纽发电优化调度研究需要,本章对西江流域代表站径流序列分别进行年际变化规律和年内分布规律分析。鉴于分析所采用的资料系列已按分项调查还原法进行了还原,本章径流年际变化规律在基本特征分析的基础上,进行趋势性、突变性、周期性分析,主要目的是检查序列是否满足一致性;径流年内分布规律分析在年内分配过程图的基础上,定量计算年内不均匀系数、完全调节系数、集中度、集中期、相对变化幅度等不同指标,以便分析西江流域径流年内分配特征的变化规律。

2.2 径流变化规律分析

2.2.1 径流年际变化规律分析

径流年际变化规律在基本特征分析的基础上,进行趋势性、突变性、周期性分析,主要目的是检查序列是否满足一致性。

2.2.1.1 径流年际变化特征分析

对各代表站 1959—2009 年径流系列均值 $\bar{x}$、变差系数 C_v、极值比进行分析。

1. 均值 $\bar{x}$

均值是水文序列 $x_1, x_2, \cdots, x_n$ 的平均数,表示序列的集中位置,表达式如下:

$$\bar{x} = \frac{1}{n} \sum_{i=1}^{n} x_i \tag{2-2}$$

2. 变差系数 C_v

变差系数又称离差系数、离势系数,可以描述水文序列变量的变化幅度和相对分

散性:

$$C_v = \frac{1}{\bar{x}} \sqrt{\frac{\sum\limits_{i=1}^{n}(x_i - \bar{x})^2}{n-1}} \tag{2-3}$$

3.年际极值比 W_{max}/W_{min}

年际极值比 W_{max}/W_{min} 是描述最大年径流量与最小年径流量的比值。

表 2-3 显示了西江流域各径流统计参数计算结果,由表 2-3 可知,西江流域各站年径流极值比为 2.62~3.26,变差系数为 0.18~0.27,径流年际变化较大,西江干流各站变差系数从上游至下游呈递减趋势,符合一般规律。

表 2-3　西江流域年平均流量统计特征值

代表站	均值/ (m^3/s)	变差系数	年际最大/ (m^3/s)	年份	年际最小/ (m^3/s)	年份	极值比
天生桥	613	0.24	955	1968	356	1992	2.68
天峨	1 600	0.21	2 330	1979	882	1989	2.64
武宣	4 150	0.19	6 040	1968	2 180	1963	2.77
大湟江口	5 660	0.18	8 200	1994	2 900	1963	2.83
梧州	6 760	0.18	9 750	1994	3 390	1963	2.88
盘江桥	271	0.23	393	1965	150	1989	2.62
柳州	1 280	0.21	2 080	1994	704	1963	2.95
贵港	1 510	0.27	2 450	1973	752	1963	3.26

2.2.1.2　径流序列趋势性分析

水文时间序列趋势成分的识别和检验方法有滑动平均法、回归分析法、斯波曼(Spearman)秩次相关检验法、Kendall 秩次相关检验法、Mann-Kendall 非参数检验法(M-K 法)等方法。本章采用滑动平均法、Mann-Kendall 非参数检验法对西江流域径流序列的变化趋势进行分析。

1.分析方法

1)滑动平均法

滑动平均法是一种传统的数据处理方法,序列经过滑动平均后可削弱其中的短周期,有效修正偶然变动因素引起的误差,滑动均值随时间的变化可以反映序列的变化趋势。滑动平均法的计算公式为

$$y_t = \frac{1}{2k+1} \sum_{i=-k}^{k} x_{t+i} \tag{2-4}$$

式中:k 为滑动长度;y_t 为新序列值;x_t 为原序列值。

若 x_t 序列本身具有一定的趋势,选取一个合适的 k(不适宜偏大),此方法即可把趋势清晰地显示出来。

2)Mann-Kendall 非参数检验法

Mann-Kendall 非参数检验法作为一种非参数统计方法,具有无须事先对检测数据的分布进行假定且结果定量化程度较高的特点,被广泛应用于水文及气象数据系列的趋势

性诊断研究,具体原理可以表示如下:

假定存在一组平稳时间序列 $\{x_i\}$ $(i = 1,2,\cdots,n)$,则可定义统计量 S,如式(2-5)所示:

$$S = \sum_{i=1}^{n-1} \sum_{j=i+1}^{n} \mathrm{sgn}(x_j - x_i) \tag{2-5}$$

式中: $\mathrm{sgn}(x_j - x_i) = \begin{cases} 1 & x_j - x_i > 0 \\ 0 & x_j - x_i = 0 \\ -1 & x_j - x_i < 0 \end{cases}$, x_i 和 x_j 分别为平稳序列中第 i、j 个值。

记存在统计量 Z 如式(2-6)所示:

$$Z = \begin{cases} \dfrac{S-1}{\sqrt{\mathrm{Var}(S)}} & S > 0 \\ 0 & S = 0 \\ \dfrac{S-1}{\sqrt{\mathrm{Var}(S)}} & S < 0 \end{cases} \tag{2-6}$$

式中: $\mathrm{Var}(S)$ 为 S 方差,若 $Z \in [-Z_{1-\alpha/2}, Z_{1-\alpha/2}]$,则表明该数据系列变化趋势并不显著;反之,则存在显著变化趋势。

2. 径流序列趋势分析

1)滑动平均法

对西江流域代表站年平均流量序列进行 3 年滑动平均处理,使序列高频振荡对径流变化趋势分析的影响得以弱化,并绘制趋势线图,见图 2-6。如图 2-6 所示,总体而言,西江流域径流量无明显增加或减少趋势;干流上游的天生桥、天峨站,郁江的贵港站呈微弱的减少趋势;干流中游的武宣站、大湟江口站,柳江的柳州站呈微弱的增加趋势;干流下游的梧州站、北盘江的盘江桥站基本不变。

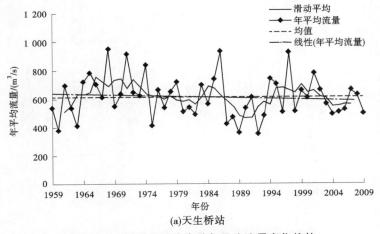

图 2-6　西江流域代表站年平均流量变化趋势

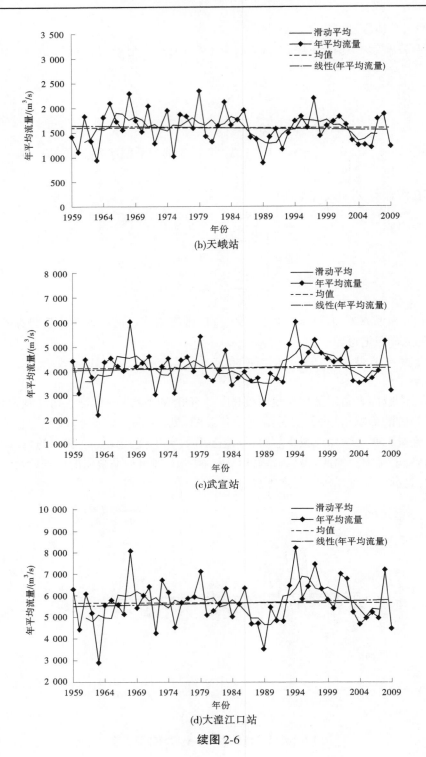

(b)天峨站

(c)武宣站

(d)大湟江口站

续图 2-6

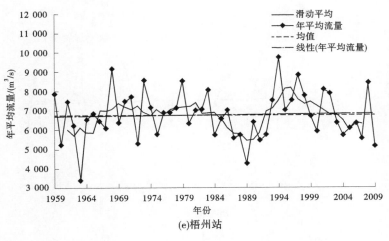

(e)梧州站

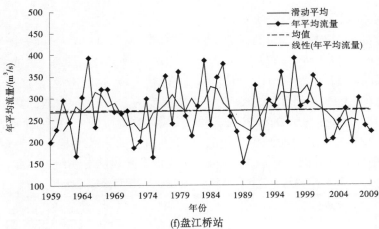

(f)盘江桥站

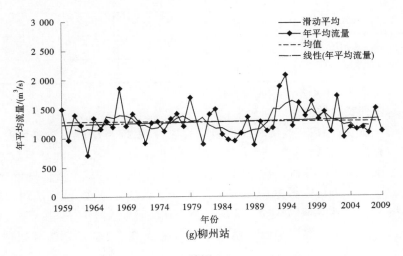

(g)柳州站

续图 2-6

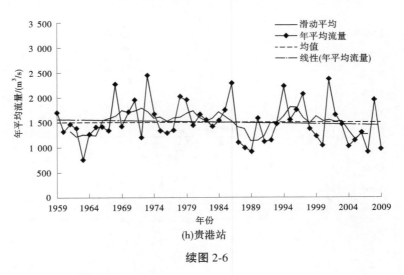

(h)贵港站

续图 2-6

2）Mann-Kendall 非参数检验法

使用 Mann-Kendall 检验法进行计算,本次研究中,$Z_{1-\alpha/2}$ 取值为 1.64,即对应置信度为 90% 的显著性检验。西江流域代表站年平均流量序列 Mann-Kendall 检验结果如表 2-4、图 2-7 所示。检验结果表明,干流的天生桥站、天峨站、梧州站,郁江的贵港站年平均流量序列对应的 M-K 统计量小于 0,呈现不同程度的上升趋势,干流的武宣站、大湟江口站,北盘江的盘江桥站,柳江的柳州站年平均流量序列对应的 M-K 统计量大于 0,呈现不同程度的上升趋势,但通过对统计量进行 90% 置信度的显著性检验后发现干、支流各站年平均流量序列的上升或下降趋势均不显著,与滑动平均法分析结论一致。

表 2-4　西江流域代表站年平均流量序列趋势性检验结果

代表站	M-K 统计量	显著性	代表站	M-K 统计量	显著性
天生桥	−0.85	不显著	梧州	−0.17	不显著
天峨	−0.58	不显著	盘江桥	0.08	不显著
武宣	0.15	不显著	柳州	0.16	不显著
大湟江口	0.21	不显著	贵港	−0.78	不显著

注:本次置信度取 90%,对应 M-K 统计量阈值为 1.64。

2.2.1.3　径流序列突变性分析

突变检测方法包括参数检验法和非参数检验法等,目前常用的方法主要有有序聚类法、滑动秩和检验法、R/S 检验法、滑动 F 检验法、贝叶斯检验法、Pettitt 检验法、Mann-Kendall 检验法等。本节采用 Pettitt 检验法对西江流域径流序列的突变性进行分析。

Pettitt 检验法是一种诊断数据序列突变点的非参数统计方法,该方法可以对水文气象要素序列进行突变分析获得突变点,量化突变点在统计意义上的显著水平。该方法采用 Mann-Whitney 统计量来检测平稳序列 $\{x_i\}$ 内某一突变点 t 前后两组系列是否存在显著差异,原理如下。

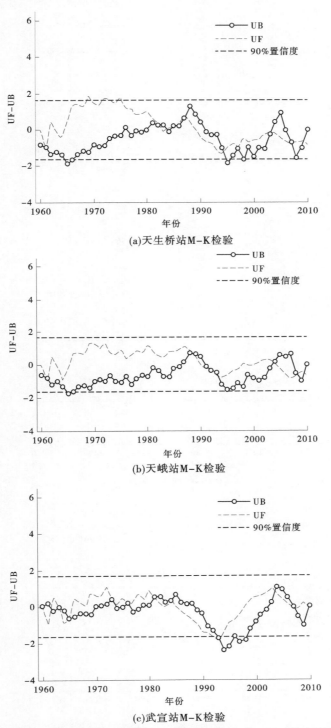

(a)天生桥站M-K检验

(b)天峨站M-K检验

(c)武宣站M-K检验

图 2-7　西江流域代表站年平均流量序列 Mann-Kendall 检验结果

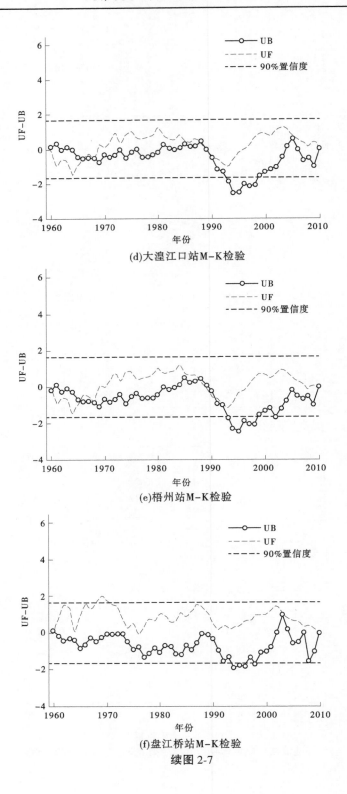

(d)大湟江口站M-K检验

(e)梧州站M-K检验

(f)盘江桥站M-K检验

续图2-7

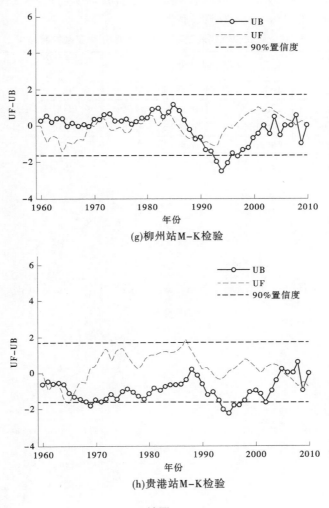

(g)柳州站M-K检验

(h)贵港站M-K检验

续图 2-7

统计量 $U_{t,n}$ 如式(2-7)所示:

$$U_{t,n} = U_{t-1,n} + \sum_{i=1}^{n} \text{sgn}(x_t - x_i) \tag{2-7}$$

根据统计量可得:

$$K_t = \max |U_t| \, (1 < t \leqslant n) \tag{2-8}$$

$$P = 2\exp\{-6K_t^2/(n^3 + n^2)\} \tag{2-9}$$

式中:x_t 与 x_i 分别为第 t 个与第 i 个样本;sgn 函数与 Mann-Kendall 法中一致,本节研究假定当 $P \leqslant 0.1$ 时,t 点为该数据系列内的显著突变点。

采用 Pettitt 检验法对西江流域各代表站年平均流量序列的突变特性进行了相关分析,基于 90% 置信度的显著性检验结果,并结合 M-K 检验成果,确定了各站年平均流量序列的可能突变点,具体如表 2-5、图 2-8 所示。由检验结果可以看出,各代表站年平均流量可能的突变点集中在 20 世纪 80 年代至 21 世纪初,均未通过 90% 置信度的显著性检验,即对应突变点均不显著,可认为无明显突变。

表 2-5　西江流域代表站年平均流量序列突变性检验结果

代表站	可能突变点发生年份	统计量/P	显著性	代表站	可能突变点发生年份	统计量/P	显著性
天生桥	1985	194/0.38	不显著	梧州	2001	124/1.01	不显著
天峨	1985	170/0.55	不显著	盘江桥	2000	143/0.81	不显著
武宣	1991	175/0.51	不显著	柳州	1991	149/0.75	不显著
大湟江口	1991	151/0.73	不显著	贵港	1985	192/0.39	不显著

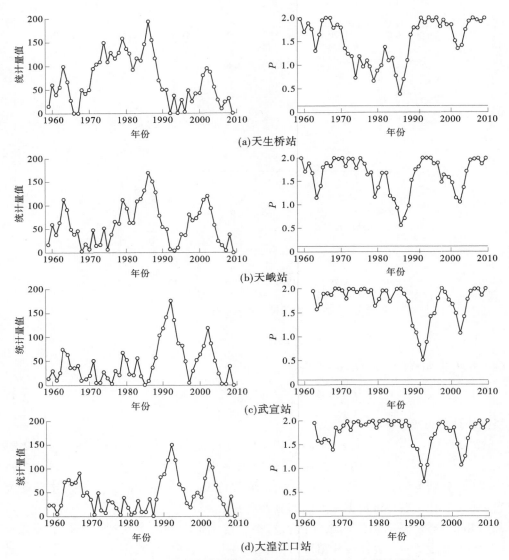

图 2-8　西江流域代表站年平均流量序列 Pettitt 检验结果

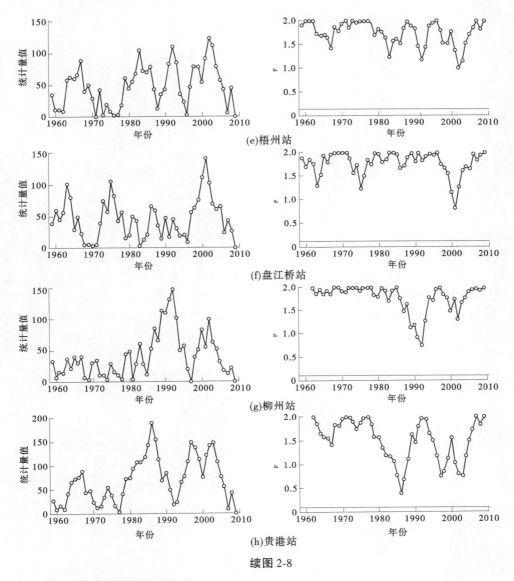

(e)梧州站

(f)盘江桥站

(g)柳州站

(h)贵港站

续图 2-8

2.2.1.4　径流序列周期性分析

时间序列周期性分析的方法有多种,被用在水文时间序列的分析方法主要有简单分波法、傅里叶分析法、功率谱分析法、最大熵谱分析法和小波分析法等。根据相关研究,傅里叶分析法、最大熵谱分析法和小波分析法的计算结果相对更为可靠,都可以较为准确地分析出周期值,可以作为检测周期的主要方法,简单分波法可能产生某些虚假周期,功率谱分析法会受到较大的人为原因影响。本节采用小波分析法对西江流域径流序列的周期性进行分析。

小波分析法起源于 20 世纪 80 年代的一种时频联合分析方法,它克服了傅里叶变换分析的不足,具有自适应时频窗口,常用于水文气象要素的周期性分析。该方法的关键在于选取合理的小波函数与时间尺度,通过对小波基函数 ψ 进行尺度伸缩和空间平移,将数据序列转化为对应的小波变换形式,如式(2-10)所示。

$$W_f(a,b) = |a|^{-1/2} \int f(t) \times \psi\left(\frac{t-b}{a}\right) \tag{2-10}$$

式中:$W_f(a,b)$为小波系数;$f(t)$为数据序列;ψ为小波基函数;a为尺度因子,反映小波的周期长度;b为时间因子,反映序列的时间平移。

对小波系数的平方进行积分求和,可以获取对应的小波方差,如式(2-11)所示。

$$\mathrm{Var}(a) = \frac{1}{n}\sum_{b=1}^{n} |W_f(a,b)|^2 \tag{2-11}$$

式中:$\mathrm{Var}(a)$为小波方差,随尺度因子a的变化过程称为小波方差图,反映了波动能量随时间尺度的分布特性,其中较大值对应的时间尺度即为序列主要周期。

采用 Morlet 小波分析法对西江流域代表站年平均流量序列的周期性进行了相关分析,各代表站对应的主周期如表 2-6 所示,小波分析成果如图 2-9 所示。上述结果表明,干流的天生桥站、天峨站、武宣站,支流南盘江的盘江桥站,郁江的贵港站年平均流量第一主周期为11~13 年,干流的大湟江口站、梧州站,支流柳江的柳州站年平均流量第一主周期均为 18年,此外,除天峨站、盘江桥站、柳州站外无明显第二主周期,大湟江口站、梧州站第二主周期与天生桥站、天峨站、贵港站第一主周期相近,天生桥站、武宣站、贵港站第二主周期与大湟江口站、梧州站、柳州站第一主周期相近。分析结果表明,西江流域各代表站周期性规律亦基本一致。

表 2-6　西江流域代表站年平均流量序列周期性检验结果

代表站	第一主周期	第二主周期	代表站	第一主周期	第二主周期
天生桥	12	22	梧州	18	11
天峨	12	—	盘江桥	13	—
武宣	12	19	柳州	18	—
大湟江口	18	12	贵港	11	18

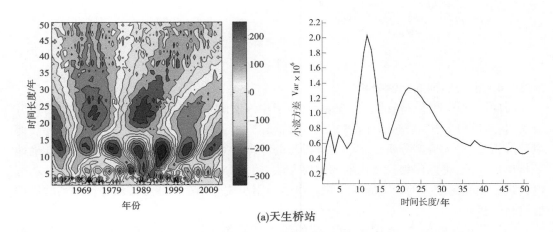

(a)天生桥站

图 2-9　西江流域代表站年平均流量序列小波分析

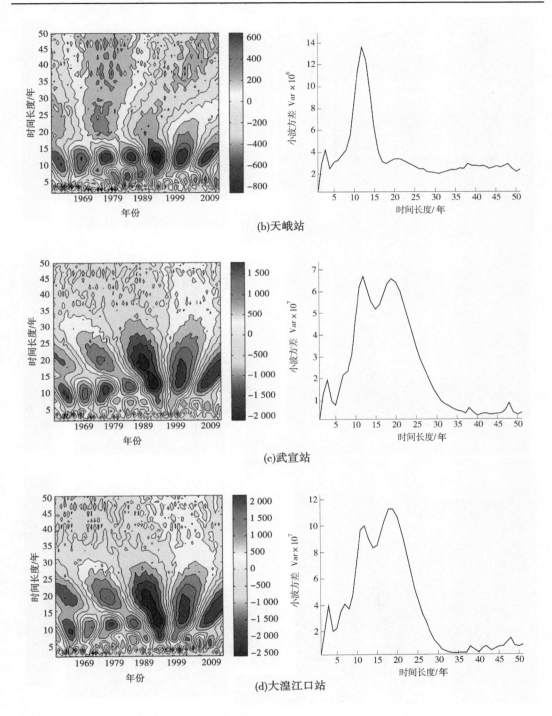

(b)天峨站

(c)武宣站

(d)大湟江口站

续图 2-9

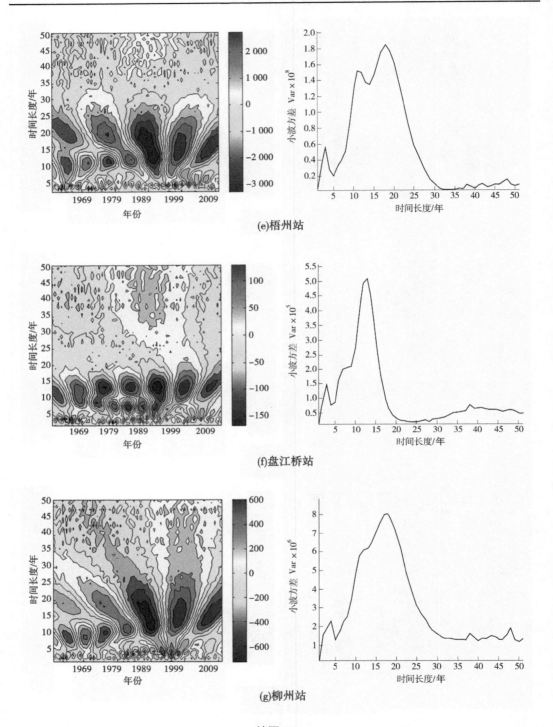

(e)梧州站

(f)盘江桥站

(g)柳州站

续图 2-9

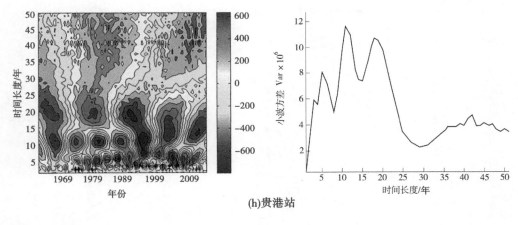

(h)贵港站

续图 2-9

2.2.2　径流年内分布规律分析

径流年内分布特征通常采用水文测站的年内分配百分比方式表示,此外,还采用年内不均匀系数、完全调节系数、集中度、集中期、变化幅度等不同指标表示,以便分析西江流域径流年内分配特征的变化规律。

2.2.2.1　径流年内分布过程分析

绘制西江流域代表站多年平均年内分配比例曲线分析流域天然径流年内分布规律,见表 2-7 和图 2-10。由表 2-7 和图 2-10 可以看出,西江流域上、下游,干、支流各站径流年内分配均表现为单峰型,峰值在 6—8 月,月分配比例各站差异较大。

表 2-7　西江流域代表站径流量年内分配统计特性

测站	枯期水量占年/%	最枯 3 个月		最枯月份		最丰 3 个月		最丰月份	
		月份	水量比例/%	月份	水量比例/%	月份	水量比例/%	月份	水量比例/%
天生桥	22.6	2、3、4	9.27	2	3.03	7、8、9	49.8	8	18.9
天峨	18.7	1、2、3	7.10	2	2.11	6、7、8	54.0	7	20.6
武宣	19.8	12、1、2	7.44	2	2.16	6、7、8	54.6	7	20.7
大湟江口	20.2	12、1、2	7.28	2	2.39	6、7、8	53.1	7	19.6
梧州	20.8	12、1、2	7.66	2	2.29	6、7、8	52.3	7	19.2
盘江桥	16.3	2、3、4	5.89	3	1.90	6、7、8	55.8	7	22.2
柳州	18.3	12、1、2	7.10	1	2.21	5、6、7	56.9	6	21.9
贵港	18.7	1、2、3	7.22	2	2.07	7、8、9	54.3	8	21.2

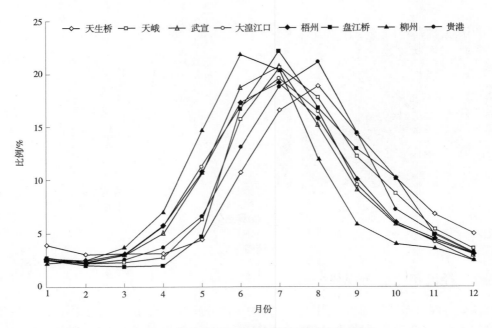

图 2-10　西江流域代表站径流量年内分配过程

2.2.2.2　径流年内分布特征分析

1. 年内分配的不均匀性

由于气候的季节性波动,气象要素如降水和气温都有明显的季节性变化,从而在相当程度上决定了径流年内分配的不均匀性。综合反映河川径流年内分配不均匀性的特征值有许多不同的计算方法。本节用径流年内分配不均匀系数 C_L 和径流年内分配完全调节系数 C_r 来衡量径流年内分配的不均匀性。

径流年内分配不均匀系数 C_L 的计算公式如下:

$$C_L = \sigma/R, \sigma = \sum_{i=1}^{12} (R_i - R)^2, R = \frac{1}{12} \sum_{i=1}^{12} R(t) \tag{2-12}$$

式中:$R(t)$ 为年内各月径流量;R 为年内月平均径流量。

由式(2-12)可以看出,C_L 值越大表明年内各月径流量相差越悬殊,径流年内分配越不均匀。

径流年内分配完全调节系数 C_r 的计算公式如下:

$$C_r = \frac{\sum_{i=1}^{12} \psi(t)[R(t) - R]}{\sum_{i=1}^{12} R(t)}, \psi(t) = \begin{cases} 0, R(t) < R \\ 1, R(t) \geqslant R \end{cases} \tag{2-13}$$

表 2-8 给出了西江流域代表站径流年内分配不均匀性的变化特征。由表 2-8 可以看出,西江流域各代表站 C_L 值在 0.653~0.825,C_r 值在 0.290~0.372,其中支流各站径流年内分配不均匀性较大,干流上游南盘江天生桥站不均匀性较小,因南、北盘江径流年内分配差异较大,受北盘江支流汇入影响,干流红水河天峨站不均匀性增大,天峨站以下干流,

径流年内分配不均匀性沿程递减。

表 2-8　西江流域代表站径流年内分配不均匀性

代表站	C_L	C_r	代表站	C_L	C_r
天生桥	0.653	0.290	梧州	0.708	0.315
天峨	0.761	0.333	盘江桥	0.825	0.372
武宣	0.757	0.326	柳州	0.819	0.355
大湟江口	0.727	0.322	贵港	0.779	0.341

2. 年内分配的集中程度

径流年内分配的集中程度用集中度和集中期来衡量。集中度和集中期的原理是将一年中各月的径流量作为向量,月径流量的大小作为向量的长度,所处的月份为向量的方向。1—12 月每月的方位角 θ_i 分别为 0°,30°,60°,…,360°,并把每个月的径流量分解为 x 和 y 两个方向上的分量,则 x 和 y 方向上的向量合成表达式为

$$R_x = \sum_{i=1}^{12} R(t)\cos\theta_i ; R_y = \sum_{i=1}^{12} R(t)\sin\theta_i \qquad (2\text{-}14)$$

径流的合成量表达式为

$$R = \sqrt{R_x^2 + R_y^2} \qquad (2\text{-}15)$$

集中度 C_n 和集中期 D 的计算公式为

$$C_n = R \Big/ \sum_{i=1}^{12} r_i , D = \arctan(R_y/R_x) \qquad (2\text{-}16)$$

集中期 D 表示了月径流量合成后显示的总效应,也就是向量合成后重心所指示的角度,即表示一年中最大月径流量可能出现的月份;集中度 C_n 反映了集中期径流量占年总径流量的比例。表 2-9 给出了西江流域各代表站径流年内分配的集中度和集中期,由表 2-9 可以看出,各站集中度 C_n 为 0.430~0.530,集中度 D 为 6.4~8.1,各站集中度、集中期与表 2-7 统计的年内分配特性基本一致。

表 2-9　西江流域代表站径流年内分配集中程度

代表站	C_n	D	代表站	C_n	D
天生桥	0.430	8.1	梧州	0.475	7.0
天峨	0.499	7.6	盘江桥	0.530	7.7
武宣	0.495	7.0	柳州	0.523	6.4
大湟江口	0.487	7.0	贵港	0.511	7.6

3. 年内分配的变化幅度

径流变化幅度的大小对于水利调节和水生生物的生长繁殖都有重要的影响。变化幅度过大,水资源的开发利用难度相应增加,水利调节的力度就必须相应地加强。另外,河川径流适当的变化幅度是一些水生生物重要的生存条件,过于平稳或者过于激烈的变化

可能导致水生生物生境的破坏,威胁生态安全。

作者在研究西江流域不同代表站径流量年内分配的变化幅度时,采用相对变化幅度进行衡量,即取河川径流最大月流量(Q_{max})和最小月流量(Q_{min})之比,计算公式如下:

$$C_m = Q_{max} / Q_{min} \tag{2-17}$$

表 2-10 为西江流域代表站多年平均径流年内变化幅度的计算结果。由表 2-10 可以看出,西江流域各代表站 C_m 值为 6.00~11.7,以支流各站径流年内分配变化幅度较大,干流上游南盘江天生桥站变化幅度较小,因北盘江径流年内分配变化幅度较大,受北盘江支流汇入影响,干流红水河天峨站变化幅度增大,天峨站以下干流,径流年内分配变化幅度沿程递减。

表 2-10　西江流域代表站径流年内分配变化幅度

代表站	C_m	代表站	C_m
天生桥	6.00	梧州	7.75
天峨	8.97	盘江桥	11.7
武宣	8.64	柳州	10.2
大湟江口	8.05	贵港	9.24

2.3　本章小结

结合大藤峡水利枢纽发电优化调度研究需要,本章对西江流域代表站径流序列按分项调查还原法得到了天然径流序列,分析其年际变化规律和年内分布规律。径流年际变化规律在基本特征分析的基础上,进行趋势性、突变性、周期性分析,分析结果显示西江流域各代表站 1959—2009 年径流序列均无明显增加或减小趋势、无明显突变,各站周期性规律基本一致,序列一致性较好;径流年内分布规律分析在年内分配过程图的基础上,定量计算年内不均匀系数、完全调节系数、集中度、集中期、相对变化幅度等不同指标,分析结果显示西江流域各代表站径流年内分配特征有明显的季节性变化规律,各代表站间年内分配特征变化无明显不协调,符合一般规律。

第 3 章 流域干支流洪水遭遇规律研究

大藤峡水利枢纽工程开发任务为防洪、航运、发电、补水压咸、灌溉等综合利用,大藤峡水利枢纽发电优化调度需优先满足防洪、航运等要求。

根据国务院国函〔2007〕40 号批复的《珠江流域防洪规划》,确定龙滩水库、大藤峡水利枢纽为承担西江中下游地区防洪任务的骨干工程,防洪规划要求近期龙滩水库在 7 月中旬前需预留 50 亿 m³ 防洪库容,7 月 15 日后水库可以开始回蓄,但在 8 月仍应预留 30 亿 m³ 防洪库容以应对后汛期洪水;大藤峡水利枢纽汛期设置 15 亿 m³ 的防洪库容。大藤峡水利枢纽工程的防洪任务是与龙滩水库联合运用,将梧州站 100 年一遇洪水削减为 50 年一遇,兼顾削减 100 年一遇以上的洪水;结合北江飞来峡水库的调度运用,使广州市有效地防御西江、北江 1915 年洪水,将西江中下游和西北江三角洲重点防洪保护对象的防洪标准由 50 年一遇提高到 100~200 年一遇,兼顾提高西江、浔江和西北江三角洲其他堤防保护区的防洪标准。航运方面,根据交通部珠江航务管理局以及广西航运部门等的要求,大藤峡坝址航运基流为 700 m³/s,近期将梧州断面航运基流提高到 1 600 m³/s(原长洲枢纽设计为 1 090 m³/s)、北江飞来峡水利枢纽的航运基流提高到 200 m³/s(原设计为 190 m³/s),加上区间汇流,思贤滘断面近期的航运流量不小于 2 000 m³/s,此外,从航运安全角度考虑,水位变幅不能过大。本章从涨水历时、洪峰遭遇、洪水组成、涨率等方面进行流域干支流洪水遭遇规律研究,在此基础上分析防洪控制断面典型洪水地区组成、干支流洪水传播时间,为发电优化调度规则制定提供依据。

3.1 研究资料及方法

3.1.1 研究资料

根据西江流域干支流控制站分布及洪水组成情况,结合洪水遭遇规律研究要求,选取红水河迁江站、黔江武宣站、浔江大湟江口站、西江梧州站、柳江柳州站、郁江贵港站、桂江京南站进行干支流洪水遭遇规律研究。选取的代表站与主要防洪水库相对位置见图 3-1。

3.1.1.1 代表站实测资料情况

西江流域梧州站以上设有水文站 164 个,水位站 27 个。大藤峡枢纽以上有水文站 102 个,水位站 19 个。干支流洪水遭遇规律研究所选代表水文站均为国家基本水文站,具有 50 年以上的水文观测资料,观测项目较齐全。其中武宣站、大湟江口站、梧州站、柳州站、贵港站作为径流变化规律研究代表站,水文站测验基本情况已在第 2 章进行说明,本章补充迁江水文站、京南水文站实测资料,基本情况如下。

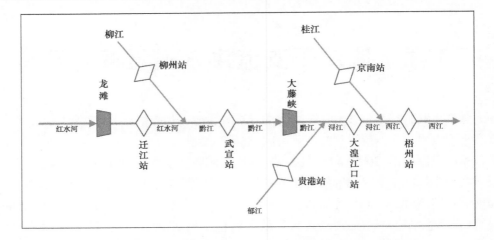

图 3-1　干支流洪水遭遇规律研究代表站与主要防洪水库位置节点

1. 迁江水文站

迁江水文站位于广西壮族自治区来宾市迁江镇,为红水河干流主要水文站,集水面积 128 938 km²。该站于 1936 年 4 月设立,1944 年 4 月停测,1946 年 8 月恢复设站,1949 年 5 月停测,1951 年 2 月又恢复为水位站,同年 5 月设为水文站。观测项目包括降雨、水位、流量、泥沙。

该站测验河段处于大弯道中段,不甚顺直;主流不大稳定,高水时上游 400 m 处有石嘴横阻,主流被迫移向右岸;中水时主流居中;河段上游约 1 km 处有一石滩,低水时露出水面,使主流受阻偏左。测验河段下游约 1 km 处,有清水河汇入,当清水河发洪时会受其顶托。两岸高水时无漫溢分流现象。全河床均由岩石组成,河床稳定。

2. 京南水文站

京南水文站前身为马江水文站,位于广西壮族自治区昭平县富马江镇京南坝址下游,集水面积 17 026 km²。马江水文站建于 1958 年 9 月,在马江镇下游约 5 km 处的西六峒村设立为京南(一)站,1962 年 1 月测站上迁 518 m 为京南(二)站,1958—1970 年进行水位、流量和泥沙等项目测验,由于该站水位流量关系线较稳定,1970 年改为水位站。1984 年起恢复测流。1998 年 8 月由于下游京南水利枢纽建成而撤站,设京南水文站。京南水文站于 1999 年 1 月设立并开始水文观测,考虑京南电站尾水影响,对水位观测不便,于 2009 年 1 月起将观测水尺移至坝址下游 3 km 处,称京南(坝下二)水文站,控制面积 17 388 km²。观测项目包括降雨、水位、流量、泥沙等。

该站河段顺直,河床较为稳定,左岸为岩石,右岸为沙壤土及卵石,冲淤不明显。

京南水文站实测流量系列由马江(一)站、马江(二)站、京南站、京南(坝下二)站实测资料合并而成。

3.1.1.2　洪水过程插补延长

各代表站实测资料系列情况见表 3-1。

表 3-1　干支流遭遇规律研究代表站资料系列情况

序号	河名	站名	站别	集水面积/km²	资料系列	
					水位	流量
1	红水河	迁江	水文	128 938	1936 年 4 月至 1944 年 4 月，1946 年 8 月至 1949 年 5 月，1951 年 2 月至今	1936 年 4 月至 1944 年 4 月，1946 年 8 月至 1949 年 5 月，1951 年 4 月至今
2	黔江	武宣	水文	196 655	1935—1944 年，1946 年 8 月至今	1941—1943 年，1947—1949 年，1952 年至今
3	浔江	大湟江口	水文	289 418	1951 年 2 月至今	1951 年 3 月至今
4	西江	梧州	水文	327 006	1900 年至 1944 年 9 月，1945 年 10 月至今	1941 年至 1944 年 9 月，1945 年 10 月至今
5	柳江	柳州	水文	45 413	1936 年至 1944 年 9 月，1945 年 10 月至今	1936 年至 1944 年 9 月，1945 年 10 月至今
6	郁江	贵港	水文	86 333	1941 年 2 月至 1944 年 3 月，1947 年 7 月至 1949 年 7 月，1951 年 2 月至今	1941 年 2 月至 1944 年 3 月，1952 年 4 月至今
7	桂江	京南	水文	17 388	1958 年 9 月至 1998 年 8 月，1999 年至今	1958 年 9 月至 1969 年，1984 年至 1998 年 8 月，1999 年至今

所选取的干支流洪水遭遇规律研究代表站大部分具有长系列连序洪水过程系列，需要且具备系列插补延长条件的有京南站，插补延长情况如下。

京南站具有 1958 年 9 月至 1969 年，1984 年至 1998 年 8 月，1999 年至今的实测流量过程，且具有 1958 年 9 月至今（缺 1998 年 8—12 月）的实测水位过程，汛期水位过程连续，京南站缺测流量年份以水位为依据，按临近年水位流量关系推求流量过程。

经插补延长后京南站具有 1959 年至今的实测洪水过程，其他 6 个代表站均具有 1952 年至今的实测洪水过程。

3.1.1.3　洪水特性

1. 洪水时空分布

西江洪水多发生在 5—10 月，由于流域面积较大，洪水发生时间的地区差异也相当明显，总的趋势是从东北向西南推进。一般情况下，桂江洪水较早出现，较大洪水多发生在 4—7 月，柳江洪水多发生在 5—8 月，红水河洪水多发生在 6—9 月，郁江洪水出现较晚，而且时间跨度较大，较大洪水主要集中在 6—10 月。1988 年 8 月 31 日至 9 月 3 日，柳江、黔江、浔江、西江出现 10 年一遇以上的大洪水，是西江梧州站 1900 年有实测资料记载以来最晚的一次。西江水系主要控制站历年年最大洪水在各月出现的概率见表3-2。

表3-2　西江水系主要控制站各月出现年最大洪峰流量概率　　　　%

河名	站名	出现月份							
		3月	4月	5月	6月	7月	8月	9月	10月	合计
南盘江	天生桥			18.6	30.2	39.5	9.30		2.4	100
北盘江	这洞				29.8	42.6	8.50	14.9	4.2	100
红水河	天峨			1.36	31.1	44.6	16.2	5.5	1.3	100
	迁江			1.3	28.0	40.0	25.3	5.4		100
黔江	武宣			8.0	45.2	35.5	9.7	1.6		100
西江	梧州			9.7	40.3	33.9	11.3	4.8		100
	高要		0.9	6.4	37.3	33.6	18.2	2.7	0.9	100
柳江	柳州			8.1	50.0	30.6	8.1		3.2	100
郁江	贵港			9.8	32.8	32.8	21.3	3.3		100
桂江	京南	1.9	11.5	28.8	34.6	1.92	2.0	2.0		100
贺江	古榄	3.5	8.8	33.3	35.1	14.0	1.8	1.8	1.7	100

西江洪水干支流年最大洪峰流量均值模数以桂江最大[0.434 m³/(s·km²),京南站],贺江[0.354 m³/(s·km²),古榄站]和柳江[0.344 m³/(s·km²),柳州站]次之,北盘江较柳江洪峰模数小[0.216 m³/(s·km²),这洞站],红水河洪峰模数[0.103 m³/(s·km²),迁江站],黔江洪峰模数[0.139 m³/(s·km²),武宣站],郁江洪峰模数[0.107 m³/(s·km²),贵港站]较小,南盘江洪峰模数[0.070 m³/(s·km²),天生桥站]最小。

2. 洪水过程

南盘江流域地形复杂,岩溶、湖泊、盆地对洪水调蓄作用较大,由于流域上、中、下游暴雨分布不均,洪水对应性较差,致使洪水持续时间较长。流域下游洪水主要来自黄泥河和马边河支流,以复峰型洪水居多,具有峰高量大的特点,洪水历时为15~25 d。

北盘江流域地形复杂,很难形成全流域性大暴雨,上游支流拖长江和中游支流乌都河、月亮河、巴朗河是北盘江暴雨中心,一次暴雨过程为12 h,因此支流洪水以单峰型为主,干流洪水以复峰型为主,洪水起涨快,退水慢,洪水过程上游一般为2~7 d,下游为5~16 d。

西江上游红水河岩溶地貌发育,分布广,闭合洼地、漏斗及暗河较多,汇流速度缓慢,洪水峰形较平缓,过程历时长,量大,涨洪历时为3~5 d,洪峰持续时间一般为3~6 h。

柳江是西江水系的第二大支流,也是西江水系的暴雨中心,流域呈扇形,汇流迅猛,洪水过程峰高量大。柳州站一次洪水过程时间短者3 d,长者可达25 d。涨水过程较短,占一次过程总历时的1/4~1/3;一次洪水过程的最大水位变幅可达19.72 m(1996年),24 h

最大涨幅可达 12.1 m(1978 年),最大涨率达 1.28 m/h(1978 年),一般涨率为 0.3~0.5 m/h。

黔江河段洪水由红水河洪水和柳江洪水组成,由于柳江流域的暴雨不仅量大而且强度也大,洪水较红水河陡涨陡落。黔江武宣站洪水峰型受红水河影响明显而较胖,涨幅较大,涨洪历时一般为 3~5 d。

郁江是西江水系最大的支流,洪水过程一般较胖,较大洪水多为双峰型,高水部分持续时间较长,涨洪历时为 3~5 d,洪峰持续时间约 6 h。郁江贵港段以下受黔江洪水顶托明显,洪水及洪峰持续时间比南宁段洪水过程历时长。

西江干流浔江河段洪水过程较缓慢,峰形较胖,涨洪历时一般为 4~6 d,洪峰持续时间一般在 10 h 以上,高洪水位持续时间较长,1968 年 6 月、1976 年 6 月洪水,浔江大湟江口站 35 m 以上洪水位的历时达 6 d 之久。浔江洪水基本都为单峰,涨洪历时一般为 4~6 d,洪峰持续时间一般在 10 h 以上。

西江较大洪水往往由几场连续暴雨形成,具有峰高、量大、历时长的特点,洪水过程以多峰型为主,据梧州站实测资料统计,多峰型洪水过程约占 80% 以上。一次较大的洪水过程历时为 30~40 d,其中,涨水历时为 5~10 d,退水历时为 15~20 d。在一场洪水过程中,最大 7 d 洪量一般占场次洪水总量的 30%~50%,最大 15 d 洪量占场次洪水总量的 60% 以上,而最大 30 d 洪量一般占年总水量的 20%~30%,最大可达 40% 左右。

桂江流域暴雨主要集中在上、中游地区,常见有两个暴雨区:一个在桂林以上青狮潭—华江一带的流域上游,该区暴雨量较大;一个是在流域的中游,以昭平为中心的暴雨区。流域内大暴雨持续时间一般为 1~3 d,桂江洪水多发生在汛期 4~7 月,以 5 月、6 月发生年最大洪水次数最多。由于桂江流域呈羽状,支流短,河道为峡谷型河槽,因此桂江洪水呈单峰或双峰型,且洪水暴涨暴落,一般一场洪水过程为 7 d 左右。

贺江洪水的特点是峰高,历时短,洪水过程呈尖瘦型,一次洪水历时一般为 1~3 d。中游的洪水一般由贺江干流和支流大宁河组成,贺江干流来水所占比重较大,但有时大宁河的来水也会占 50% 以上。

3.1.2　研究方法

洪水遭遇,是指干流与支流或支流与支流的洪水在相隔较短的时间内到达同一河段的水文现象。发生洪水遭遇时,洪峰流量、洪水总量的叠加效应加重了洪水的危害程度,使得江河防洪形势更加严峻,严重威胁流域居民的生命安全和经济社会稳定。洪水遭遇现象的研究,大多聚焦于分析计算两个或多个洪水过程发生遭遇的概率大小,所以基于概率组合方法对洪水遭遇概率进行定量计算是应用较多的研究方法。国内外对于洪水遭遇现象的研究由来已久,近些年,基于对洪水过程中水文要素的不确定性研究,将集对分析理论引入洪水分析中,取得了许多研究成果;同时,通过分析洪峰洪量值与洪水等级的不确定性联系建立集对分析模型,也为洪水遭遇的研究提供了新的方法和思路。

对于洪水遭遇规律的研究,从根据历史实测资料对洪水遭遇时的洪峰、洪量值进行数据统计分析,发展到现今主要采用概率组合方法对洪水遭遇的概率进行分析计算。在国外,对于洪水遭遇的研究考虑因素较多,与区域的实际情况联系较为紧密,多采用概率分布函数,从洪峰流量、洪水总量、洪水的持续时间与间隔时间等方面计算遭遇组合概率。国内最常用的洪水遭遇分析方法是水文分析法,即利用水文观测资料,从水文统计角度评价洪水遭遇严重程度。水文分析法的优势是分析方法易于理解,具有普遍适用性,但在一些缺少资料的情况下,会出现统计计算结果偏差较大的情况,在缺少资料的情况下,一些学者引入概率分析方法进行洪水遭遇分析,其中 Copula 联合分布函数在概率分析中最为常用。

西江流域干支流测站控制条件较好,干流各河段以及主要支流均具有长系列实测洪水过程资料,对西江干支流洪水遭遇规律的研究主要采用水文分析法,即利用水文观测资料,从水文统计角度研究洪水遭遇的规律。

3.2　干支流洪水遭遇规律研究

红水河控制站迁江站的洪水组成中,蔗香站平均占 47.5%,小于流域面积比 64.0%;区间占 52.5%,大于流域面积比 36.0%。

黔江由红水河和柳江组成。武宣站的洪水组成中,迁江站平均占 46.9%,小于流域面积比 65.3%;柳州站平均占 35.1%,大于流域面积比 23.3%;区间占 18.0%,大于流域面积比 11.4%。

梧州站的洪水主要来自黔江以上流域,黔江洪水是西江洪水的主体,武宣站各时段洪量占梧州站各时段洪量的百分比,一般为 65%~70%。黔江的大洪水又以龙滩—武宣区间为主,其各时段洪量占武宣站的百分比在 70%~80%,占梧州的百分比则为 42%~55%,远大于其面积比 30%。天峨站的各时段洪量占梧州站的百分比一般为 20%~28%,小于其面积比 30%。桂江昭平站的各时段洪量占梧州站的比例为 7%~13%,大于其面积比 4.6%。

据实测资料分析,形成西江较大洪水的干、支流洪水遭遇情况大致有以下几种:①红水河洪水与柳江洪水遭遇:红水河洪水与柳江洪水在黔江口遭遇形成黔江较大洪水。②黔江洪水与郁江洪水、浔江洪水与桂江洪水遭遇:如遇大气环流形势反常,使桂江暴雨延后而郁江暴雨提前,且降雨量大、历时长,与柳江、红水河的洪水汇合,形成全流域发洪,使西江中下游出现大洪水。③黔江以上为一般洪水,而郁江、桂江和武宣至梧州区间发生较大洪水遭遇,形成西江较大洪水。

龙滩水电站位于红水河干流,工程主要开发任务为发电,兼有防洪、航运等综合利用效益。龙滩水电站坝址集水面积 98 500 km²,分别占迁江、武宣、大湟江口、梧州站控制流域面积的 76.4%、50.0%、34.0%、30.1%,一期设 50 亿 m³ 防洪库容,于 2006 年开始下闸蓄水,水库蓄水期及调度运行期对下游洪水过程有一定程度的影响。从研究资料的一致性考虑,本节采用各代表站 2005 年以前的洪水过程进行干支流洪水遭遇规律研究。

3.2.1　红水河与柳江洪水遭遇分析

3.2.1.1　涨水历时

红水河与柳江洪水发生时间多相近而略迟,一般发生在 6—8 月,特别集中在 6 月中下旬和 7 月中上旬。红水河洪水峰型较平缓,过程历时较长,量大,涨洪历时一般为 3 d 以上,洪峰持续时间一般超过 3 h。

1952—2005 年(共 54 年)最大洪水过程分析中各代表站涨水历时情况如表 3-3 所示。由表 3-3 可知,迁江站涨水历时小于 3 d 的仅 3 年,最小涨水历时为 2 d,涨水历时超过 7 d 的达 39 年,涨水历时超过 15 d 的达到 8 年;柳江涨水一般较红水河快,柳州站比迁江站平均涨水历时约短 1 d,涨水历时小于 3 d 的有 6 年,最小涨水历时为 1.2 d,涨水历时超过 7 d 的达 36 年,涨水历时超过 15 d 的达 8 年;武宣站涨水历时略长于柳州站,受柳江洪水影响较大,与柳江洪水表现出较强的同步性,涨水历时小于 3 d 的有 3 年,最小涨水历时为 2 d,涨水历时超过 7 d 的达 36 年,涨水历时超过 15 d 的达 9 年。统计三站年最大洪水涨水历时超过某一天数的比例点绘曲线如图 3-2 所示,由图 3-2 亦可以看出武宣站年最大洪水涨水历时与柳州站同步性较强。

表 3-3　武宣站、迁江站、柳州站逐年最大洪水涨水历时

年份	涨水历时/d			年份	涨水历时/d		
	武宣	迁江	柳州		武宣	迁江	柳州
1952	2.0	14.0	1.5	1979	>15	14.8	13.6
1953	>15	13.3	>15	1980	4.5	3.9	13.3
1954	12.0	>15	>15	1981	10.5	8.0	4.1
1955	>15	>15	>15	1982	6.8	6.9	4.6
1956	6.1	13.3	7.6	1983	10.5	>15	8.4
1957	6.6	2.8	>15	1984	8.7	12.7	8.3
1958	5.5	8.1	1.2	1985	>15	9.4	>15
1959	2.0	3.0	9.0	1986	3.3	12.8	2.1
1960	5.1	>15	5.3	1987	9.8	10.3	10.5
1961	13.4	14.8	12.8	1988	>15	13.0	>15
1962	>15	14.6	14.9	1989	4.1	4.1	6.0
1963	2.8	2.0	2.5	1990	11.0	14.5	10.0
1964	>15	>15	8.0	1991	6.9	12.7	7.4
1965	11.7	11.3	4.3	1992	4.1	4.6	4.2
1966	14.0	6.8	13.8	1993	9.8	5.0	9.9
1967	>15	>15	>15	1994	9.0	9.5	6.0
1968	13.6	11.6	10.9	1995	8.9	14.7	14.4
1969	>15	10.1	10.3	1996	8.9	7.5	7.8
1970	6.6	10.0	6.0	1997	9.6	6.0	10.6

续表 3-3

年份	涨水历时/d			年份	涨水历时/d		
	武宣	迁江	柳州		武宣	迁江	柳州
1971	8.5	8.5	8.9	1998	9.8	2.5	9.5
1972	10.8	11.0	2.4	1999	3.6	9.5	3.1
1973	9.3	4.3	6.5	2000	4.2	5.4	4.2
1974	8.2	14.1	14.3	2001	8.7	11.3	9.0
1975	13.8	13.5	9.7	2002	8.8	10.2	8.0
1976	4.5	6.3	4.6	2003	8.3	3.5	7.7
1977	13.6	10.6	12.0	2004	3.3	>15	2.9
1978	9.5	14.6	9.1	2005	10.0	>15	>15

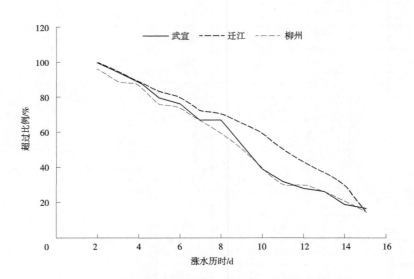

图 3-2　武宣站、迁江站、柳州站年最大洪水涨水历时曲线

3.2.1.2　洪峰遭遇情况

　　武宣、迁江、柳州三站洪水多呈现复峰形态,但年最大洪峰却以单峰为主。在 1952—2005 年 54 年系列中,武宣站复峰 15 场,占 28%;迁江复峰 14 场,占 26%;柳州复峰 10 场,占 18.5%。

　　武宣、迁江、柳州三站年最大洪水有一半的概率遭遇,在 54 年中有 27 年是同场洪水,其他 27 场洪水不同场。武宣、迁江、柳州三站逐年最大洪峰特性见表 3-4。

表 3-4　武宣、迁江、柳州三站逐年最大洪峰特性

年份	武宣			迁江			柳州			是否同场
	峰现时间	洪峰流量/（m³/s）	峰型	峰现时间	洪峰流量/（m³/s）	峰型	峰现时间	洪峰流量/（m³/s）	峰型	
1952	6 月 9 日 12:00	22 700	复峰	8 月 27 日 6:00	11 700	复峰	6 月 8 日 7:00	16 200	复峰	不同场
1953	5 月 15 日 6:00	18 300	单峰	6 月 13 日 21:00	5 660	单峰	5 月 14 日 12:00	8 510	单峰	不同场
1954	6 月 30 日 0:00	31 900	单峰	6 月 30 日 21:00	16 500	单峰	6 月 28 日 0:00	19 100	单峰	同场
1955	6 月 21 日 16:00	22 700	单峰	6 月 20 日 0:00	10 800	单峰	6 月 19 日 0:00	14 400	单峰	同场
1956	5 月 30 日 10:00	26 400	单峰	5 月 31 日 6:00	11 300	复峰	6 月 20 日 10:00	14 800	单峰	不同场
1957	6 月 20 日 16:00	20 900	单峰	7 月 4 日 4:00	10 700	单峰	6 月 19 日 0:00	8 880	单峰	不同场
1958	7 月 16 日 9:00	20 000	单峰	9 月 21 日 17:00	9 560	单峰	7 月 14 日 0:00	13 100	单峰	不同场
1959	7 月 6 日 11:00	27 400	单峰	7 月 6 日 14:00	11 200	单峰	6 月 19 日 8:00	11 600	单峰	不同场
1960	7 月 15 日 5:00	19 400	复峰	7 月 24 日 14:00	14 000	单峰	7 月 14 日 2:00	11 300	单峰	不同场
1961	6 月 15 日 12:00	25 500	单峰	8 月 12 日 18:00	10 300	单峰	6 月 14 日 14:00	15 100	单峰	不同场
1962	7 月 3 日 0:00	36 500	复峰	7 月 3 日 15:00	14 300	单峰	6 月 28 日 15:00	22 100	复峰	同场
1963	8 月 5 日 3:00	11 400	单峰	8 月 3 日 17:00	7 260	单峰	8 月 4 日 8:00	4 590	单峰	同场
1964	8 月 14 日 16:00	24 200	单峰	8 月 13 日 20:00	16 000	单峰	7 月 15 日 8:00	11 800	单峰	不同场
1965	8 月 10 日 1:00	19 500	复峰	8 月 16 日 15:00	11 200	单峰	8 月 9 日 3:00	10 300	单峰	同场
1966	7 月 14 日 14:00	30 000	复峰	7 月 6 日 8:00	15 500	复峰	7 月 13 日 14:00	18 300	复峰	同场
1967	8 月 9 日 15:00	28 300	单峰	8 月 9 日 14:00	13 400	单峰	8 月 8 日 3:00	14 000	单峰	同场
1968	6 月 29 日 11:00	33 700	复峰	7 月 16 日 17:00	17 600	单峰	7 月 16 日 2:00	16 600	单峰	不同场
1969	8 月 15 日 8:00	19 900	单峰	7 月 4 日 2:00	13 300	单峰	7 月 18 日 14:00	11 300	单峰	不同场
1970	7 月 16 日 23:00	39 800	单峰	7 月 16 日 11:00	16 500	单峰	7 月 15 日 8:00	25 900	单峰	同场
1971	6 月 7 日 20:00	22 600	单峰	8 月 21 日 2:00	13 300	单峰	6 月 6 日 17:00	14 700	单峰	不同场
1972	6 月 25 日 20:00	11 000	复峰	9 月 26 日 8:00	7 460	单峰	10 月 11 日 6:00	7 160	单峰	不同场
1973	5 月 28 日 14:00	18 200	复峰	6 月 16 日 2:00	9 490	单峰	5 月 27 日 17:00	10 900	单峰	不同场
1974	7 月 19 日 14:00	32 200	复峰	7 月 3 日 2:00	14 700	单峰	7 月 26 日 14:00	14 800	复峰	同场
1975	5 月 20 日 20:00	22 100	复峰	6 月 26 日 8:00	6 770	单峰	5 月 11 日 15:00	14 200	复峰	不同场
1976	7 月 11 日 14:00	43 400	单峰	7 月 13 日 8:00	15 900	复峰	7 月 10 日 11:00	21 600	单峰	同场

续表 3-4

年份	武宣			迁江			柳州			是否同场
	峰现时间	洪峰流量/(m³/s)	峰型	峰现时间	洪峰流量/(m³/s)	峰型	峰现时间	洪峰流量/(m³/s)	峰型	
1977	6月12日8:00	22 400	单峰	8月6日23:00	11 200	复峰	6月10日4:00	12 600	单峰	不同场
1978	5月19日11:00	30 500	单峰	6月29日14:00	10 000	单峰	5月18日8:00	20 600	单峰	不同场
1979	7月4日2:00	27 700	复峰	7月3日2:00	17 200	复峰	6月30日10:00	11 500	复峰	同场
1980	8月15日20:00	26 900	单峰	8月14日17:00	12 100	复峰	8月14日18:00	13 200	单峰	同场
1981	6月7日14:00	15 400	复峰	6月7日5:00	9 000	复峰	7月30日19:00	4 600	单峰	同场
1982	6月19日23:00	21 500	单峰	6月19日23:00	12 500	单峰	6月16日22:00	12 600	复峰	同场
1983	6月24日23:00	35 400	单峰	6月8日2:00	8 010	单峰	6月23日18:00	21 600	单峰	不同场
1984	6月2日0:00	20 100	单峰	6月2日0:00	9 300	单峰	6月1日14:00	12 900	单峰	同场
1985	6月8日15:00	17 100	复峰	7月5日17:00	12 900	复峰	6月7日14:00	11 400	单峰	不同场
1986	7月8日8:00	19 900	单峰	7月29日14:00	11 400	复峰	7月6日11:00	12 200	单峰	不同场
1987	7月5日23:00	21 000	单峰	7月6日9:00	12 700	复峰	6月15日21:00	10 800	单峰	不同场
1988	9月1日14:00	42 200	单峰	8月31日20:00	18 400	单峰	8月31日5:00	27 000	单峰	同场
1989	7月4日2:00	18 000	单峰	7月2日20:00	8 380	单峰	7月3日0:00	7 280	复峰	同场
1990	6月2日17:00	21 200	单峰	6月27日13:00	13 000	单峰	6月7日0:00	10 200	单峰	不同场
1991	6月12日11:00	24 400	单峰	8月14日8:00	12 900	单峰	6月11日17:00	14 300	单峰	不同场
1992	7月7日14:00	29 800	单峰	7月7日17:00	12 000	单峰	7月5日0:00	18 900	单峰	同场
1993	7月10日23:00	33 700	单峰	7月10日8:00	13 500	单峰	7月10日2:00	21 200	单峰	同场
1994	6月18日11:00	44 400	单峰	6月17日23:00	17 900	单峰	6月17日11:00	26 600	复峰	同场
1995	6月10日0:00	31 700	单峰	6月9日18:00	15 800	单峰	6月9日0:00	17 300	单峰	同场
1996	7月20日17:00	42 800	单峰	7月7日2:00	13 700	单峰	7月20日16:00	33 700	单峰	不同场
1997	7月9日14:00	33 600	单峰	7月23日8:00	15 200	单峰	7月8日23:00	13 600	单峰	不同场
1998	6月26日14:00	37 600	单峰	7月26日2:00	14 100	单峰	6月25日8:00	19 700	单峰	不同场
1999	7月13日20:00	32 000	复峰	7月19日2:00	14 400	复峰	7月12日20:00	17 800	复峰	同场
2000	6月13日2:00	35 300	单峰	6月12日11:00	11 400	单峰	6月12日4:00	24 100	单峰	同场
2001	6月12日16:00	22 900	单峰	7月7日2:00	16 400	单峰	6月11日14:00	14 200	单峰	不同场

续表 3-4

| 年份 | 武宣 | | | 迁江 | | | 柳州 | | | 是否同场 |
	峰现时间	洪峰流量/(m³/s)	峰型	峰现时间	洪峰流量/(m³/s)	峰型	峰现时间	洪峰流量/(m³/s)	峰型	
2002	6 月 18 日 5:00	32 000	单峰	8 月 18 日 5:00	14 100	单峰	6 月 17 日 2:00	17 900	单峰	同场
2003	6 月 29 日 5:00	19 200	复峰	6 月 23 日 7:00	8 630	复峰	6 月 28 日 2:00	11 600	单峰	同场
2004	7 月 22 日 15:00	36 100	单峰	7 月 21 日 8:00	12 300	单峰	7 月 21 日 14:00	23 700	单峰	同场
2005	6 月 22 日 5:00	38 500	单峰	6 月 20 日 23:00	16 700	单峰	6 月 19 日 22:00	16 400	单峰	同场

同场次洪水的洪峰流量和发生时间更有规律性,为了考察武宣、柳州和迁江三站洪峰之间的关系,以武宣站每年最大洪水为主,选取柳州站和迁江站相应场次洪水作为样本进行分析,成果见表 3-5。

表 3-5　武宣、柳州、迁江三站同场洪水统计

| 年份 | 武宣洪峰 | | 柳州洪峰 | | | 迁江洪峰 | | |
	峰现时间	年最大洪峰/(m³/s)	年最大洪峰/(m³/s)	峰现时间	较武宣提前/h	年最大洪峰/(m³/s)	峰现时间	较武宣提前/h
1952	6 月 9 日 12:00	22 700	16 200	6 月 8 日 7:00	29	6 910	6 月 9 日 18:00	−6
1953	5 月 15 日 6:00	18 300	8 510	5 月 14 日 12:00	18	5 250	5 月 15 日 0:00	6
1954	6 月 30 日 0:00	31 900	19 100	6 月 28 日 0:00	48	16 500	6 月 30 日 21:00	−21
1955	6 月 21 日 16:00	22 700	14 400	6 月 19 日 0:00	64	10 800	6 月 20 日 0:00	40
1956	5 月 30 日 10:00	26 400	13 800	5 月 30 日 0:00	10	11 300	5 月 31 日 6:00	−20
1957	6 月 20 日 16:00	20 900	8 880	6 月 19 日 0:00	40	9 480	6 月 20 日 14:00	2
1958	7 月 16 日 9:00	20 000	13 100	7 月 14 日 0:00	57	5 030	7 月 15 日 11:00	22
1959	7 月 6 日 11:00	27 400	6 720	7 月 7 日 8:00	−21	11 200	7 月 6 日 14:00	−3
1960	7 月 15 日 5:00	19 400	11 300	7 月 14 日 2:00	27	6 770	7 月 14 日 8:00	21
1961	6 月 15 日 12:00	25 500	15 100	6 月 14 日 14:00	22	9 180	6 月 16 日 3:00	−15
1962	7 月 3 日 0:00	36 500	20 900	7 月 2 日 9:00	15	14 300	7 月 3 日 15:00	−15
1963	8 月 5 日 3:00	11 400	4 590	8 月 4 日 8:00	19	7 260	8 月 3 日 17:00	34
1964	8 月 14 日 16:00	24 200	5 580	8 月 12 日 22:00	42	16 000	8 月 13 日 20:00	20
1965	8 月 10 日 1:00	19 500	10 300	8 月 9 日 3:00	22	7 740	8 月 8 日 8:00	41

续表 3-5

年份	武宣洪峰		柳州洪峰			迁江洪峰		
	峰现时间	年最大洪峰/(m³/s)	年最大洪峰/(m³/s)	峰现时间	较武宣提前/h	年最大洪峰/(m³/s)	峰现时间	较武宣提前/h
1966	7 月 14 日 14:00	30 000	18 300	7 月 13 日 14:00	24	15 200	7 月 14 日 14:00	0
1967	8 月 9 日 15:00	28 300	14 000	8 月 8 日 3:00	36	13 400	8 月 9 日 14:00	1
1968	6 月 29 日 11:00	33 700	16 100	6 月 28 日 15:00	20	16 000	6 月 26 日 8:00	75
1969	8 月 15 日 8:00	19 900	9 390	8 月 14 日 14:00	18	9 600	8 月 15 日 2:00	6
1970	7 月 16 日 23:00	39 800	25 900	7 月 15 日 8:00	39	16 500	7 月 16 日 11:00	12
1971	6 月 7 日 20:00	22 600	14 700	6 月 6 日 17:00	27	7 750	6 月 8 日 2:00	-6
1972	6 月 25 日 20:00	11 000	5 770	6 月 24 日 21:00	23	6 400	6 月 22 日 20:00	72
1973	5 月 28 日 14:00	18 200	10 900	5 月 27 日 17:00	21	5 720	5 月 29 日 20:00	-30
1974	7 月 19 日 14:00	32 200	14 400	7 月 18 日 17:00	21	13 300	7 月 19 日 8:00	6
1975	5 月 20 日 20:00	22 100	14 100	5 月 19 日 20:00	24	3 140	5 月 18 日 8:00	60
1976	7 月 11 日 14:00	43 400	21 600	7 月 10 日 11:00	27	15 910	7 月 13 日 8:00	-42
1977	6 月 12 日 8:00	22 400	12 600	6 月 10 日 4:00	52	6 710	6 月 12 日 2:00	6
1978	5 月 19 日 11:00	30 500	20 600	5 月 18 日 8:00	27	6 400	5 月 19 日 17:00	-6
1979	7 月 4 日 2:00	27 700	11 500	6 月 30 日 10:00	88	17 200	7 月 3 日 2:00	24
1980	8 月 15 日 20:00	26 900	13 200	8 月 14 日 18:00	26	12 100	8 月 14 日 17:00	27
1981	6 月 7 日 14:00	15 400	4 510	6 月 6 日 6:00	32	9 000	6 月 7 日 5:00	9
1982	6 月 19 日 23:00	21 500	12 600	6 月 16 日 22:00	73	12 500	6 月 19 日 23:00	0
1983	6 月 24 日 23:00	35 400	21 600	6 月 23 日 18:00	29	1 540	6 月 24 日 20:00	3
1984	6 月 2 日 0:00	20 100	12 900	6 月 1 日 14:00	10	9 300	6 月 2 日 0:00	0
1985	6 月 8 日 15:00	17 100	11 400	6 月 7 日 14:00	25	6 540	6 月 9 日 2:00	-11
1986	7 月 8 日 8:00	19 900	12 200	7 月 6 日 11:00	45	5 140	7 月 8 日 8:00	0
1987	7 月 5 日 23:00	21 000	8 690	7 月 4 日 8:00	39	12 700	7 月 6 日 9:00	-10
1988	9 月 1 日 14:00	42 200	27 000	8 月 31 日 5:00	33	18 400	8 月 31 日 20:00	18
1989	7 月 4 日 2:00	18 000	7 280	7 月 3 日 0:00	26	8 380	7 月 2 日 20:00	30
1990	6 月 2 日 17:00	21 200	9 160	6 月 1 日 0:00	41	6 960	6 月 2 日 20:00	-3

续表 3-5

年份	武宣洪峰		柳州洪峰			迁江洪峰		
	峰现时间	年最大洪峰/(m³/s)	年最大洪峰/(m³/s)	峰现时间	较武宣提前/h	年最大洪峰/(m³/s)	峰现时间	较武宣提前/h
1991	6 月 12 日 11:00	24 400	14 300	6 月 11 日 17:00	18	9 360	6 月 11 日 17:00	18
1992	7 月 7 日 14:00	29 800	18 900	7 月 5 日 0:00	62	12 000	7 月 7 日 17:00	-3
1993	7 月 10 日 23:00	33 700	21 200	7 月 10 日 2:00	21	13 500	7 月 10 日 8:00	15
1994	6 月 18 日 11:00	44 400	26 600	6 月 17 日 11:00	24	17 900	6 月 17 日 23:00	12
1995	6 月 10 日 0:00	31 700	17 300	6 月 9 日 0:00	24	15 800	6 月 9 日 18:00	6
1996	7 月 20 日 17:00	42 800	33 700	7 月 20 日 16:00	1	13 600	7 月 19 日 8:00	33
1997	7 月 9 日 14:00	33 600	13 600	7 月 8 日 23:00	15	13 700	7 月 8 日 17:00	21
1998	6 月 26 日 14:00	37 600	19 700	6 月 25 日 8:00	30	11 000	6 月 26 日 2:00	12
1999	7 月 13 日 20:00	32 000	17 800	7 月 12 日 20:00	24	12 600	7 月 13 日 5:00	15
2000	6 月 13 日 2:00	35 300	24 100	6 月 12 日 4:00	22	11 400	6 月 12 日 11:00	15
2001	6 月 12 日 16:00	22 900	14 200	6 月 11 日 14:00	26	7 480	6 月 12 日 2:00	14
2002	6 月 18 日 5:00	32 000	17 900	6 月 17 日 2:00	27	9 000	6 月 18 日 8:00	-3
2003	6 月 29 日 5:00	19 200	11 600	6 月 28 日 2:00	27	6 300	6 月 29 日 3:00	2
2004	7 月 22 日 15:00	36 100	23 700	7 月 21 日 14:00	25	12 300	7 月 21 日 8:00	31
2005	6 月 22 日 5:00	38 500	16 400	6 月 19 日 22:00	55	16 700	6 月 20 日 23:00	30
平均					30			10
标准差					18			22

武宣站洪峰峰现时间平均比柳州站晚 30 h,最多晚 88 h,最早提前 21 h,仅有一场洪水洪峰早于柳州,标准差为 18 h,不确定性较低,相应性较好。武宣站洪峰平均比迁江晚 10 h,最多晚 75 h,最早提前 42 h,有 15 场洪水洪峰早于迁江发生,标准差为 22 h,不确定性较高,相应性较差。

将同场洪水武宣、柳州、迁江三站洪峰流量点在同一张图上进行相关分析,见图 3-3、图 3-4。由图 3-3、图 3-4 可见,武宣站与柳州站洪峰流量相关图点群密集,呈带状,具有较好的相关性,而武宣站与迁江站洪峰流量相关图点群散乱,相关性较差。

因此,不论是从洪峰发生时间方面还是从洪峰流量的相关性来分析,柳州站与武宣站之间的规律性都明显强于迁江站,在调度规则制定时宜以柳州站作为依据站进行错峰。

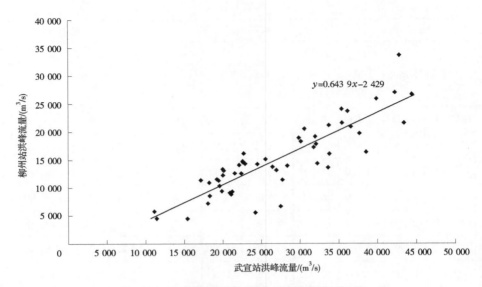

图 3-3　柳州站与武宣站洪峰流量相关分析

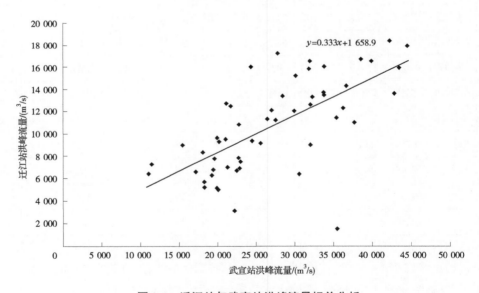

图 3-4　迁江站与武宣站洪峰流量相关分析

3.2.1.3　洪水组成情况

在武宣站的洪水组成中,柳江站洪水占主导地位,一般来说,量级较大的洪水柳江站占的比重更大。武宣站集水面积 19.7 万 km^2,其中迁江站占 66%,天峨站占 54%,柳州站仅占 23%,但柳州站 7 d 以内时段洪量占比一般超过 30%,远超其所占面积比。对迁江、柳州、武宣三站 54 年系列逐年最大洪水的洪峰、1 d 洪量、3 d 洪量、7 d 洪量、15 d 洪量的多年平均值进行分析(见表 3-6),结果表明,历时越短柳州站洪峰占比越大,洪峰和 1 d 洪量的占比甚至达到 55% 以上,远远超过其面积比的 2 倍。若以最大值来统计,则该比例更高,最高可达 76%(见表 3-7)。

表 3-6　武宣、迁江、柳州三站逐年最大洪水洪峰洪量多年平均值

项目	武宣	迁江	迁江占比/%	柳州	柳州占比/%
洪峰/(m³/s)	27 267	12 584	46	15 383	56
1 d 洪量/亿 m³	23.3	10.7	46	12.8	55
3 d 洪量/亿 m³	65.5	29.8	46	32.2	49
7 d 洪量/亿 m³	129.0	60.1	47	55.6	43
15 d 洪量/亿 m³	218.5	107.8	49	86.4	40

表 3-7　武宣、迁江、柳州三站逐年最大洪水洪峰洪量实测最大值

项目	武宣	迁江	迁江占比/%	柳州	柳州占比/%
洪峰/(m³/s)	44 400	18 400	41	33 700	76
1 d 洪量/亿 m³	38.3	15.7	41	28.9	75
3 d 洪量/亿 m³	111.3	43.3	39	79.7	72
7 d 洪量/亿 m³	229.3	92.1	40	139.5	61
15 d 洪量/亿 m³	348.9	173.3	50	181.5	52

3.2.1.4　洪水涨率

相应于柳江洪水峰高量大、涨水历时短等特性,柳州站的洪水涨率也是三站中最大的,最高可达 3 500(m³/s)/h,发生于 1996 年 7 月 18 日 10 时,是实测最大洪水。本次统计了涨率最大的 5 场洪水和多年平均值见表 3-8。

表 3-8　武宣、迁江、柳州三站年最大涨率排序

排序	武宣				迁江				柳州			
	最大涨率/[(m³/s)/h]	相应年份	相应时间	最大洪峰/(m³/s)	最大涨率/[(m³/s)/h]	相应年份	相应时间	最大洪峰/(m³/s)	最大涨率/[(m³/s)/h]	相应年份	相应时间	最大洪峰/(m³/s)
1	1 130	2000	6 月 22 日 20:00	35 300	3 210	1965	6 月 21 日 10:00	11 200	3 500	1996	7 月 18 日 10:00	33 700
2	1 100	1959	7 月 5 日 20:00	27 400	1 113	1986	7 月 19 日 19:00	11 400	2 033	1978	5 月 16 日 22:00	20 600
3	1 020	1978	5 月 17 日 8:00	30 500	900	1993	7 月 12 日 16:00	13 500	1 291	1958	6 月 23 日 16:00	13 100
4	1 000	2002	7 月 1 日 5:00	32 000	867	1990	6 月 27 日 21:00	13 000	1 240	2002	5 月 14 日 13:00	17 900
5	990	1977	4 月 5 日 5:00	22 400	660	1976	7 月 8 日 1:00	15 900	1 100	1987	5 月 26 日 17:00	10 800
多年平均	636			29 520	394			13 000	759			19 220

　　从表 3-8 可以看出,除柳州站"96·7"洪水和迁江站"76·7"洪水外,涨率排名前五的年份都不是大水年份,涨率的大小和洪水量级的大小相关性不强,而且最大涨率往往出现在洪水刚开始起涨的阶段。

3.2.2　黔江与郁江洪水遭遇分析

3.2.2.1　涨水历时

　　郁江比黔江洪水发生时间晚,郁江洪水一般发生在 6—9 月(见表 3-2),特别集中在 7 月和 8 月,郁江洪水过程一般较胖,较大洪水多为单峰型,高水部分持续时间较长,涨洪历时 3~6 d,洪峰持续时间约 6 h。黔江洪水一般发生在 6—7 月(见表 3-2),洪水涨幅大,峰型较胖。

　　根据 1952—2005 年(共 54 年)最大洪水过程分析,贵港站涨水历时小于 3 d 的仅 1 年,为 2.46 d,小于 9 d 的有 23 年;南宁站涨水历时小于 3 d 的仅 2 年,最小为 2.63 d,涨水历时为 3~6 d 的有 17 年,涨水历时为 6~9 d 的有 14 年。黔江涨水一般较郁江快,武宣站比贵港站平均短约 2.4 d,涨水历时小于 3 d 的有 5 年,最小为 1.79 d,涨水历时为 6~10 d 的有 24 年,超过 12 d 的有 4 年;大湟江口站涨水历时略长于武宣,受黔江洪水影响较大,和黔江洪水表现较强的同步性,涨水历时小于 3 d 的有 2 场,最小涨水历时为 2.25 d,6~10 d 的有 28 场。

3.2.2.2　洪峰遭遇情况

　　在 1952—2005 年 54 年系列中,大湟江口站年最大洪峰为单峰的有 38 场,占 70%,相应年最大洪峰流量均值 29 400 m³/s,年最大洪峰为复峰的有 16 场,占 30%,相应年最大洪峰流量均值 26 100 m³/s;武宣站年最大洪峰为单峰的 39 场,占 72%,相应年最大洪峰流量均值 27 700 m³/s,年最大洪峰为复峰的有 15 场,占 28%,相应年最大洪峰流量均值 25 300 m³/s;贵港站年最大洪峰为单峰的有 47 场,占 90%,相应年最大洪峰流量均值 8 520 m³/s,年最大洪峰为复峰的 5 场,占 10%,相应年最大洪峰流量 9 470 m³/s。可见,这三站年最大洪峰均以单峰为主。各站峰型见表 3-9。

　　大湟江口、武宣、贵港三站年最大洪水同场遭遇概率不大,在 52 年中有 9 年是同场洪水,其他 43 年洪水不同场,同场发生概率为 17%;而大湟江口和武宣两站年最大洪水同场遭遇概率为 82%;大湟江口和贵港两站年最大洪水同场遭遇概率为 31%。大湟江口、武宣、贵港三站年最大洪水全部不同场仅一年,发生概率为 2%。各站年最大洪峰出现时间见表 3-9。

　　同场次洪水的洪峰流量和发生时间更有规律性,为了考察大湟江口、武宣、贵港三站洪峰之间的关系,以大湟江口站每年最大洪水为主,选取武宣和贵港站相应场次洪水作为样本进行分析。大湟江口站洪峰均晚于武宣站,平均比武宣站晚 15 h,最多晚 101 h(4.2 d),标准差为 17 h,不确定性较低,相应性较好;大湟江口站洪峰平均比贵港站晚 20 h,最多晚 118 h(4.9 d),最多提前 115 h(4.8 d),有 33 场洪水提前发生(占 61%),标准差为 59 h,不确定性高,相应性差。

表 3-9　大湟江口、武宣、贵港三站逐年最大洪峰特性

年份	大湟江口			武宣			贵港			是否同场
	峰现时间	洪峰流量/(m³/s)	峰型	峰现时间	洪峰流量/(m³/s)	峰型	峰现时间	洪峰流量/(m³/s)	峰型	
1952	6 月 22 日 1:00	24 100	复峰	6 月 9 日 7:00	22 700	复峰	9 月 24 日 7:00	6 710	单峰	否
1953	5 月 15 日 13:00	19 700	复峰	5 月 15 日 3:00	18 300	复峰	6 月 16 日 11:00	7 350	单峰	否
1954	6 月 30 日 24:00	32 100	单峰	6 月 30 日 24:00	31 900	单峰	9 月 6 日 16:00	9 500	单峰	否
1955	7 月 29 日 12:00	24 300	单峰	6 月 21 日 15:00	22 700	单峰	数据缺失			
1956	5 月 30 日 20:00	29 600	单峰	5 月 30 日 10:00	26 400	单峰	8 月 13 日 8:00	7 980	单峰	否
1957	6 月 20 日 20:00	27 600	单峰	6 月 20 日 8:00	20 900	单峰	6 月 23 日 20:00	8 570	单峰	是
1958	9 月 19 日 20:00	24 100	单峰	7 月 13 日 5:00	20 000	单峰	数据缺失			
1959	7 月 7 日 5:00	28 700	复峰	7 月 6 日 11:00	27 400	复峰	6 月 26 日 1:00	8 540	单峰	否
1960	7 月 15 日 11:00	23 500	单峰	7 月 15 日 5:00	19 400	单峰	8 月 18 日 22:00	9 710	单峰	否
1961	6 月 13 日 3:00	29 800	单峰	6 月 12 日 6:00	25 500	单峰	8 月 4 日 17:00	7 440	单峰	否
1962	7 月 4 日 18:00	38 100	复峰	7 月 3 日 18:00	36 500	复峰	7 月 6 日 24:00	6 690	单峰	是
1963	8 月 5 日 5:00	13 700	单峰	8 月 4 日 20:00	11 400	单峰	7 月 6 日 24:00	6 690	单峰	否
1964	8 月 15 日 8:00	28 300	单峰	8 月 14 日 8:00	24 200	单峰	7 月 8 日 19:00	7 580	单峰	否
1965	9 月 1 日 8:00	20 700	复峰	8 月 10 日 1:00	19 500	复峰	6 月 22 日 20:00	7 120	单峰	否
1966	7 月 5 日 8:00	34 600	复峰	7 月 14 日 14:00	30 000	复峰	7 月 8 日 2:00	9 190	单峰	是
1967	8 月 10 日 11:00	26 900	复峰	8 月 9 日 8:00	28 300	复峰	8 月 24 日 18:00	9 100	单峰	是
1968	6 月 29 日 20:00	36 300	复峰	6 月 29 日 5:00	33 700	复峰	8 月 20 日 20:00	12 800	单峰	否
1969	8 月 16 日 3:00	24 500	单峰	8 月 15 日 9:00	19 900	单峰	8 月 17 日 7:00	9 820	复峰	是
1970	7 月 17 日 20:00	31 700	复峰	7 月 16 日 20:00	39 800	复峰	7 月 22 日 0:00	8 970	单峰	否
1971	8 月 23 日 8:00	23 600	复峰	6 月 7 日 20:00	22 600	复峰	8 月 23 日 20:00	11 400	单峰	否
1972	6 月 23 日 20:00	13 000	复峰	6 月 25 日 18:00	11 000	复峰	9 月 3 日 23:00	6 580	单峰	否
1973	5 月 28 日 23:00	23 100	复峰	5 月 28 日 11:00	18 200	复峰	9 月 9 日 2:00	12 300	单峰	否
1974	7 月 27 日 11:00	35 200	复峰	7 月 19 日 14:00	32 200	复峰	7 月 25 日 14:00	12 100	单峰	是
1975	5 月 20 日 17:00	20 600	复峰	5 月 20 日 20:00	22 100	复峰	9 月 5 日 20:00	7 670	单峰	否
1976	7 月 13 日 14:00	38 400	单峰	7 月 11 日 8:00	43 400	单峰	8 月 9 日 11:00	5 560	单峰	否

续表 3-9

年份	大湟江口			武宣			贵港			是否同场
	峰现时间	洪峰流量/(m^3/s)	峰型	峰现时间	洪峰流量/(m^3/s)	峰型	峰现时间	洪峰流量/(m^3/s)	峰型	
1977	6 月 28 日 23:00	22 500	单峰	6 月 12 日 8:00	22 400	单峰	7 月 31 日 8:00	8 320	单峰	否
1978	5 月 20 日 11:00	29 300	单峰	5 月 19 日 11:00	30 500	单峰	10 月 8 日 0:00	10 100	单峰	否
1979	8 月 25 日 17:00	30 900	单峰	7 月 3 日 23:00	27 700	单峰	8 月 28 日 17:00	10 100	单峰	否
1980	7 月 24 日 22:00	21 300	复峰	8 月 15 日 14:00	26 900	单峰	7 月 29 日 11:00	10 500	单峰	否
1981	7 月 31 日 14:00	19 600	单峰	6 月 7 日 8:00	15 400	单峰	8 月 2 日 20:00	7 540	复峰	否
1982	6 月 20 日 2:00	21 800	单峰	6 月 19 日 23:00	21 500	单峰	8 月 24 日 8:00	7 970	单峰	否
1983	6 月 25 日 8:00	31 500	单峰	6 月 24 日 21:00	35 400	单峰	9 月 22 日 14:00	5 680	单峰	否
1984	6 月 3 日 14:00	21 100	单峰	6 月 2 日 20:00	20 100	单峰	7 月 11 日 1:00	8 980	单峰	否
1985	9 月 2 日 14:00	20 300	复峰	6 月 8 日 11:00	17 100	复峰	9 月 4 日 14:00	12 000	复峰	否
1986	7 月 8 日 2:00	25 100	单峰	7 月 8 日 8:00	19 900	单峰	7 月 29 日 8:00	11 900	单峰	否
1987	7 月 6 日 8:00	21 200	单峰	7 月 5 日 14:00	21 000	单峰	9 月 3 日 16:00	5 180	单峰	否
1988	9 月 2 日 16:00	41 800	单峰	9 月 1 日 8:00	42 200	单峰	9 月 2 日 14:00	5 460	单峰	是
1989	7 月 4 日 17:00	20 600	单峰	7 月 3 日 5:00	18 000	单峰	6 月 17 日 16:00	5 060	单峰	否
1990	6 月 3 日 8:00	21 500	单峰	6 月 2 日 14:00	21 200	单峰	7 月 5 日 4:00	6 450	单峰	否
1991	6 月 13 日 2:00	22 800	单峰	6 月 12 日 11:00	24 400	单峰	8 月 17 日 4:00	7 640	单峰	否
1992	7 月 8 日 2:00	30 400	单峰	7 月 7 日 14:00	29 800	单峰	7 月 29 日 14:00	10 900	单峰	否
1993	7 月 11 日 17:00	33 300	单峰	7 月 10 日 20:00	33 700	单峰	8 月 23 日 11:00	8 470	单峰	否
1994	6 月 19 日 2:00	43 900	单峰	6 月 18 日 5:00	44 400	单峰	7 月 23 日 2:00	13 900	单峰	否
1995	6 月 10 日 14:00	29 400	单峰	6 月 9 日 18:00	31 700	单峰	8 月 20 日 16:00	7 320	单峰	否
1996	7 月 21 日 14:00	41 900	单峰	7 月 20 日 14:00	42 800	单峰	8 月 23 日 1:00	8 760	单峰	否
1997	7 月 9 日 23:00	34 400	单峰	7 月 9 日 14:00	33 600	单峰	8 月 13 日 5:00	8 820	单峰	否
1998	6 月 27 日 8:00	41 300	单峰	6 月 26 日 14:00	37 600	单峰	7 月 8 日 20:00	8 440	单峰	否
1999	7 月 14 日 14:00	32 200	单峰	7 月 13 日 20:00	32 000	单峰	9 月 3 日 17:00	6 230	单峰	否
2000	6 月 13 日 14:00	31 900	单峰	6 月 12 日 23:00	35 300	单峰	7 月 26 日 8:00	4 430	单峰	否
2001	7 月 10 日 17:00	33 700	单峰	6 月 12 日 11:00	22 900	单峰	7 月 9 日 2:00	16 000	单峰	否

续表 3-9

年份	大湟江口			武宣			贵港			是否同场
	峰现时间	洪峰流量/(m³/s)	峰型	峰现时间	洪峰流量/(m³/s)	峰型	峰现时间	洪峰流量/(m³/s)	峰型	
2002	8 月 22 日 11:00	37 700	单峰	6 月 18 日 5:00	32 000	单峰	8 月 20 日 23:00	10 000	复峰	否
2003	6 月 29 日 23:00	21 500	单峰	6 月 29 日 5:00	19 200	单峰	8 月 30 日 9:00	7 230	单峰	否
2004	7 月 23 日 8:00	37 700	单峰	7 月 22 日 14:00	36 100	单峰	7 月 24 日 10:00	7 980	复峰	是
2005	6 月 22 日 11:00	41 800	单峰	6 月 21 日 23:00	38 500	单峰	6 月 23 日 13:00	6 880	单峰	是

将同场洪水大湟江口站、武宣站、贵港站洪峰流量点绘在同一张图上进行相关分析,见图 3-5、图 3-6。由图 3-5、图 3-6 可见,大湟江口站与武宣站流量相关图点群密集,呈带状,具有较好的相关性,而大湟江口站与贵港站洪峰流量相关图点群散乱,相关性较差。

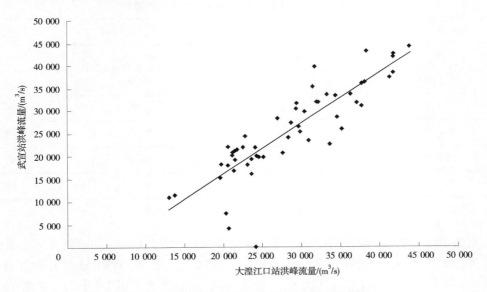

图 3-5 大湟江口站与武宣站洪峰流量相关分析

因此,不论是从洪峰发生时间还是从洪峰流量的相关性来分析,大湟江口站和武宣站之间的规律性都明显强于贵港站,在调度规则制定时宜以武宣站作为依据站进行错峰。

3.2.2.3 洪水组成情况

在大湟江口站的洪水组成中,武宣站洪水占主导地位,武宣站洪水和贵港站洪水分别占 80% 和 20%。大湟江口站集水面积 29.1 万 km²,其中武宣站占 68%,贵港站占 31%。根据 54 年水文资料,对大湟江口站年最大洪峰、1 d 洪量、3 d 洪量、7 d 洪量、15 d 洪量、30 d 洪量的组成进行分析(见表 3-10),结果表明历时越短武宣所占的比例越大,随着时间的增加,贵港所占的比例逐渐增大,从另一个方面说明了贵港段以下洪水受黔江洪水顶

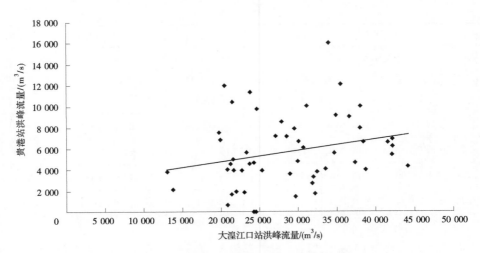

图 3-6　大湟江口站与贵港站洪峰流量相关分析

托明显,从而延长了贵港站郁江洪水历时。

表 3-10　大湟江口站最大洪水组成平均值统计　　　　　　　　　　%

项目	贵港	武宣	区间
洪峰	19.26	84.27	-3.53
1 d 洪量	19.65	83.99	-3.63
3 d 洪量	21.40	81.79	-3.18
7 d 洪量	22.75	79.20	-1.95
15 d 洪量	23.56	76.95	-0.51
30 d 洪量	24.26	76.37	-0.63

注:由于黔江大洪水期间,郁江贵港段以下受黔江洪水顶托明显,故区间出现负值。

　　根据 1952—2005 年(共 54 年)实测水文资料分析,大湟江口站 30 d 洪量组成中受龙滩水库控制的平均水量为 113 亿 m³,平均占大湟江口站的 29.96%,最大水量为 214 亿 m³,占大湟江口站的 29.27%(1968 年);贵港站以上(西津水库以上)平均水量为 111 亿 m³,平均占大湟江口站的 25.18%,最大水量为 235 亿 m³,占大湟江口站的 38.75%(1994 年);龙滩—贵港—大湟江口无控区间平均水量为 220 亿 m³,占大湟江口站的 48.90%,最大水量为 393 亿 m³,占大湟江口站的 61.16%(1998 年)。

　　大湟江口站 3 d 洪量组成中受龙滩水库控制的平均水量为 19.9 亿 m³,平均占大湟江口站的 32.02%,最大水量为 28.6 亿 m³,占大湟江口站的 34.37%(1954 年);贵港站以上(即西津水库以上)平均水量为 18.1 亿 m³,平均占大湟江口站的 26.84%,最大水量为 39.7 亿 m³,占大湟江口站的 46.18%(2001 年);龙滩—贵港—大湟江口无控区间平均水量为 32.1 亿 m³,平均占大湟江口站的 42.96%,最大水量为 71.3 亿 m³,占大湟江口站的 68.15%(1988 年)。

　　龙滩水库调洪前后大湟江口站平均组成统计见表 3-11。

表 3-11　龙滩调洪前后大湟江口站逐年最大洪水组成平均值统计　　　　　%

项目	实测			龙滩调洪后		
	天峨	贵港	龙滩—贵港—大湟江口区间	天峨	贵港	龙滩—贵港—大湟江口区间
洪峰	34.25	27.17	38.58	30.95	27.17	41.87
1 d 洪量	32.93	27.24	39.84	32.56	27.24	40.21
3 d 洪量	29.96	26.84	43.20	32.02	26.84	42.96
7 d 洪量	27.77	26.63	45.59	30.08	26.63	43.29
15 d 洪量	26.61	25.85	47.54	30.62	25.85	43.54
30 d 洪量	25.92	25.18	48.90	32.24	25.18	42.58

3.2.2.4　洪水涨率

对大湟江口、武宣、贵港三站洪水涨率进行分析,涨率最大的 5 场洪水和多年平均值见表 3-12。由表 3-12 可见,除大湟江口站"76·7"洪水和武宣站"78·5"洪水外,涨率排名前五的年份都不是大水年份,涨率的大小和洪水量级的大小相关性不强,而且最大涨率往往出现在洪水刚开始起涨的阶段。

表 3-12　大湟江口、武宣、贵港站最大涨率排序

排序	大湟江口				武宣				贵港			
	最大涨率/[(m³/s)/h]	相应年份	相应时间	最大洪峰/(m³/s)	最大涨率/[(m³/s)/h]	相应年份	相应时间	最大洪峰/(m³/s)	最大涨率/[(m³/s)/h]	相应年份	相应时间	最大洪峰/(m³/s)
1	2 480	1952	7 月 19 日 18:00	24 100	1 130	2000	6 月 22 日 20:00	35 300	923	1969	5 月 13 日 5:00	9 820
2	1 400	1976	6 月 11 日 0:00	38 400	1 100	1959	7 月 5 日 20:00	27 400	880	2004	7 月 19 日 15:00	7 980
3	1 300	2004	7 月 21 日 16:00	37 700	1 020	1978	5 月 17 日 8:00	30 500	730	1987	6 月 20 日 8:00	5 180
4	1 230	1965	8 月 26 日 8:00	20 700	1 000	2002	7 月 1 日 5:00	32 000	720	1962	6 月 19 日 18:00	6 690
5	1 150	1955	7 月 25 日 8:00	24 300	990	1977	4 月 5 日 5:00	22 400	610	1985	7 月 5 日 23:00	12 000
多年平均	651			29 040	653			29 520	327			8 334

3.2.3　桂江与浔江洪水遭遇分析

3.2.3.1　涨水历时

桂江比浔江洪水发生时间早,一般发生在 4—6 月,特别集中在 5 月和 6 月(见表 3-2),桂江洪水过程较快,峰型尖、瘦,涨洪历时一般为 5—10 d;浔江洪水一般发生在 5—9 月,特别集中在 6 月和 7 月,浔江洪水过程较缓慢,峰型较胖,涨洪历时一般为 6~10 d,洪峰持续时间一般在 10 h 以上。

根据 1959—2005 年共 47 年的最大洪水过程分析,京南站涨水历时小于 3 d 的有 3 场,最小涨水历时为 1.71 d,涨水历时为 5~10 d 的有 20 场;大湟江口站比京南站涨水历时长,涨水历时小于 3 d 的有 2 场,最小涨水历时为 2.25 d,涨水历时为 6~10 d 的有 28 场,涨水历时大于 12 d 的有 5 场;梧州站与大湟江口站涨水历时相差不多,比京南站涨水历时长,涨水历时小于 3 d 的仅 1 场,最小涨水历时为 2.83 d,涨水历时为 6~10 d 的有 28 场,涨水历时大于 12 d 的有 5 场。

3.2.3.2　洪峰遭遇情况

在 1959—2005 年 47 年系列中,梧州站年最大洪峰为单峰的有 36 场,占 77%,相应年最大洪峰流量均值 32 500 m³/s,年最大洪峰为复峰的有 11 场,占 23%,相应年最大洪峰流量均值 29 800 m³/s;大湟江口站年最大洪峰为单峰的有 33 场,占 70%,相应年最大洪峰流量均值 29 700 m³/s,年最大洪峰为复峰的有 14 场,占 30%,相应年最大洪峰流量均值 26 700 m³/s;京南站年最大洪峰为单峰的有 40 场,占 82%,相应年最大洪峰流量均值 7 920 m³/s,年最大洪峰为复峰的有 7 场,占 18%,相应年最大洪峰流量均值 5 700 m³/s。可见,这三站年最大洪峰均以单峰为主,且单峰形洪水洪峰均值大于复峰形洪水洪峰均值。各站峰型见表 3-13。

梧州、大湟江口、京南三站年最大洪水同场遭遇概率为 34%,梧州站与大湟江口站年最大洪水同场遭遇概率为 88%,梧州站与京两站年最大洪水同场遭遇概率为 38%,梧州、大湟江口、京南三站年最大洪水全部不同场仅 4 场,发生概率为 9%。

表 3-13　梧州、大湟江口、京南三站逐年最大洪峰特性

年份	梧州			大湟江口			京南			是否同场
	峰现时间	洪峰流量/(m³/s)	峰型	峰现时间	洪峰流量/(m³/s)	峰型	峰现时间	洪峰流量/(m³/s)	峰型	
1959	6 月 22 日 14:00	33 900	复峰	7 月 7 日 5:00	28 700	复峰	5 月 17 日 19:00	10 900	单峰	否
1960	7 月 30 日 8:00	22 400	单峰	7 月 15 日 11:00	23 500	单峰	5 月 16 日 3:00	5 540	单峰	否
1961	6 月 16 日 6:00	34 300	单峰	6 月 13 日 3:00	29 800	单峰	4 月 21 日 7:00	8 620	单峰	否
1962	7 月 3 日 18:00	39 800	单峰	7 月 4 日 18:00	38 100	复峰	6 月 29 日 3:00	10 100	单峰	是
1963	8 月 6 日 2:00	13 400	单峰	8 月 5 日 5:00	13 700	单峰	4 月 20 日 14:00	2 460	单峰	否

续表 3-13

年份	梧州			大湟江口			京南			是否同场
	峰现时间	洪峰流量/(m³/s)	峰型	峰现时间	洪峰流量/(m³/s)	峰型	峰现时间	洪峰流量/(m³/s)	峰型	
1964	8 月 16 日 2:00	29 200	单峰	8 月 15 日 8:00	28 300	单峰	6 月 15 日 2:00	6 830	单峰	否
1965	8 月 11 日 2:00	21 500	单峰	9 月 1 日 8:00	20 700	复峰	4 月 29 日 8:00	6 960	单峰	否
1966	7 月 5 日 2:00	36 100	复峰	7 月 5 日 8:00	34 600	复峰	6 月 22 日 5:00	9 630	单峰	否
1967	8 月 10 日 20:00	30 700	复峰	8 月 10 日 11:00	26 900	复峰	8 月 7 日 4:00	5 140	单峰	是
1968	6 月 29 日 2:00	38 900	复峰	6 月 29 日 20:00	36 300	复峰	6 月 25 日 15:00	8 760	复峰	是
1969	8 月 16 日 2:00	27 000	单峰	8 月 16 日 3:00	24 500	单峰	5 月 18 日 7:00	3 150	复峰	否
1970	7 月 18 日 20:00	35 800	复峰	7 月 17 日 20:00	31 700	复峰	6 月 28 日 10:00	7 350	单峰	否
1971	6 月 8 日 14:00	28 300	复峰	8 月 23 日 8:00	23 600	复峰	5 月 18 日 6:00	6 970	复峰	否
1972	5 月 8 日 20:00	14 000	复峰	6 月 23 日 20:00	13 000	复峰	5 月 7 日 16:00	8 080	单峰	否
1973	5 月 29 日 8:00	28 700	复峰	5 月 28 日 23:00	23 100	复峰	6 月 29 日 8:00	9 540	单峰	否
1974	7 月 20 日 8:00	37 900	复峰	7 月 27 日 11:00	35 200	复峰	7 月 19 日 16:00	7 860	单峰	是
1975	5 月 21 日 2:00	24 600	复峰	5 月 20 日 17:00	20 600	复峰	4 月 27 日 15:00	7 110	单峰	否
1976	7 月 11 日 14:00	42 400	单峰	7 月 13 日 14:00	38 400	单峰	7 月 10 日 22:00	9 730	单峰	是
1977	6 月 28 日 20:00	29 700	单峰	6 月 28 日 23:00	22 500	单峰	4 月 13 日 12:00	8 870	单峰	否
1978	5 月 20 日 2:00	35 600	单峰	5 月 20 日 11:00	29 300	单峰	5 月 18 日 1:00	13 100	单峰	是
1979	8 月 26 日 14:00	34 700	单峰	8 月 25 日 17:00	30 900	单峰	5 月 14 日 2:00	8 590	单峰	否
1980	8 月 17 日 8:00	28 000	单峰	7 月 24 日 22:00	21 300	复峰	5 月 8 日 19:00	6 860	单峰	否
1981	7 月 30 日 20:00	24 600	单峰	7 月 31 日 14:00	19 600	单峰	6 月 30 日 12:00	6 840	单峰	否
1982	6 月 21 日 2:00	23 800	单峰	6 月 20 日 2:00	21 800	单峰	5 月 13 日 16:00	8 590	单峰	否
1983	6 月 25 日 20:00	36 200	单峰	6 月 25 日 8:00	31 500	单峰	3 月 1 日 19:00	6 240	单峰	否
1984	6 月 4 日 8:00	22 900	单峰	6 月 3 日 14:00	21 100	单峰	6 月 2 日 5:00	6 920	单峰	是
1985	9 月 8 日 14:00	23 000	复峰	9 月 2 日 14:00	20 300	复峰	5 月 28 日 23:00	6 230	单峰	否
1986	7 月 9 日 14:00	27 100	单峰	7 月 8 日 2:00	25 100	单峰	7 月 8 日 15:00	5 170	复峰	是
1987	7 月 6 日 14:00	21 300	单峰	7 月 6 日 8:00	21 200	单峰	7 月 30 日 2:00	6 190	单峰	否
1988	9 月 3 日 14:00	42 500	单峰	9 月 2 日 16:00	41 800	单峰	9 月 5 日 5:00	5 000	单峰	是

续表 3-13

年份	梧州			大湟江口			京南			是否同场
	峰现时间	洪峰流量/（m³/s）	峰型	峰现时间	洪峰流量/（m³/s）	峰型	峰现时间	洪峰流量/（m³/s）	峰型	
1989	7月5日2:00	21 400	单峰	7月4日17:00	20 600	单峰	5月10日12:00	7 090	单峰	否
1990	6月3日14:00	23 200	单峰	6月3日8:00	21 500	单峰	6月1日18:00	5 120	复峰	是
1991	6月13日14:00	23 900	单峰	6月13日2:00	22 800	单峰	6月17日22:00	2 950	复峰	是
1992	7月7日23:00	34 300	单峰	7月8日2:00	30 400	单峰	7月7日5:00	9 370	单峰	是
1993	7月12日5:00	34 900	单峰	7月11日17:00	33 300	单峰	5月3日9:00	6 700	单峰	否
1994	6月18日24:00	49 200	单峰	6月19日2:00	43 900	单峰	6月27日12:00	9 100	单峰	否
1995	6月11日2:00	30 400	单峰	6月10日14:00	29 400	单峰	6月17日23:00	7 460	单峰	否
1996	7月21日24:00	39 800	单峰	7月21日14:00	41 900	单峰	4月20日7:00	8 730	单峰	否
1997	7月10日14:00	43 800	单峰	7月9日23:00	34 400	单峰	7月9日13:00	9 090	单峰	是
1998	6月27日5:00	52 900	单峰	6月27日8:00	41 300	单峰	5月24日5:00	9 420	单峰	否
1999	7月14日24:00	35 700	单峰	7月14日14:00	32 200	单峰	7月13日20:00	4 750	单峰	是
2000	6月13日23:00	34 300	单峰	6月13日14:00	31 900	单峰	5月29日7:00	7 770	复峰	否
2001	6月14日21:00	34 300	单峰	7月10日17:00	33 700	单峰	6月14日7:00	6 700	单峰	否
2002	6月19日8:00	38 900	单峰	8月22日11:00	37 700	单峰	7月21日2:00	13 200	单峰	否
2003	6月29日24:00	26 800	单峰	6月29日23:00	21 500	单峰	4月21日2:00	3 970	单峰	否
2004	7月23日9:00	37 600	单峰	7月23日8:00	37 700	单峰	7月13日5:00	7 120	单峰	是
2005	6月22日15:00	53 700	单峰	6月22日11:00	41 800	单峰	6月21日16:00	14 900	单峰	是

　　同场次洪水的洪峰流量和发生时间更有规律性,为了考察梧州站、大湟江口站和京南站洪峰之间的关系,以梧州站每年最大洪水为主,选取大湟江口和京南站相应场次洪水作为样本进行分析。梧州站洪峰峰现时间平均比大湟江口站晚4.8 h,最多晚5 d以上,但仅有一次提前了61 h,标准差为25 h,不确定性较低,相应性较高;梧州站洪峰平均比京南站晚34 h,最多晚122 h(5.1 d),最多提前111 h(4.6 d),有43场洪水提前发生(占87%),标准差为50 h,不确定性高,相应性差。

　　将同场洪水梧州站、大湟江口站、京南站洪峰流量点绘在同一张图进行相关分析。由图3-7、图3-8可见,梧州站与大湟江口站洪峰流量相关图点群密集,呈带状,具有较好的相关性,而梧州站与京南站洪峰流量相关图点群散乱,相关性较差。

　　因此,不论是从洪峰发生时间还是从洪峰流量的相关性来分析,梧州站和大湟江口站之间的规律性都明显强于梧州站和京南站。

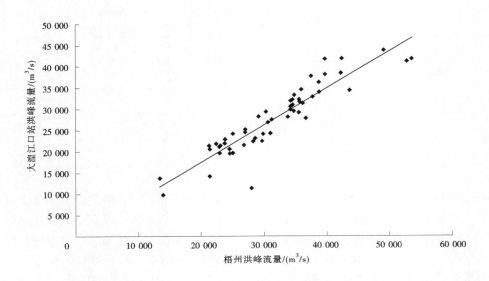

图 3-7　梧州站与大湟江口站洪峰流量相关关系

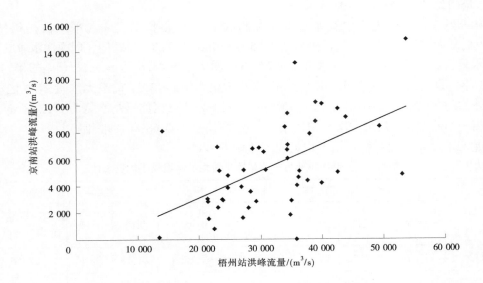

图 3-8　梧州站与京南站洪峰流量相关关系

3.2.3.3　洪水组成情况

　　在梧州站的洪水组成中,大湟江口站洪水占主导地位。根据 54 年水文资料,对梧州站逐年最大洪水的洪峰、1 d 洪量、3 d 洪量、7 d 洪量、15 d 洪量、30 d 洪量的组成进行分析,结果表明,历时越长,大湟江口站占比越大。梧州站洪水组成均值统计见表 3-14。

表 3-14　梧州站逐年最大洪水组成平均值统计

项目	大湟江口/%	京南/%	区间/%
洪峰	79.85	10.38	9.77
1 d 洪量	81.16	9.57	9.27
3 d 洪量	83.26	8.22	8.52
7 d 洪量	84.53	7.90	7.57
15 d 洪量	85.14	7.71	7.15
30 d 洪量	85.67	7.48	6.53

　　根据 1959—2005 年共 47 年的实测水文资料分析,梧州站 30 d 洪量组成中受龙滩水库控制的平均水量 125 亿 m^3,平均占梧州站的 25.28%,最大水量 242 亿 m^3,占梧州站的 29.53%(1968 年);贵港站以上(即西津水库以上)平均水量 124 亿 m^3,平均占梧州站的 24.23%,最大水量 269 亿 m^3,占梧州站的 36.3%(1994 年);京南站平均水量 40 亿 m^3,平均占梧州站的 7.48%,最大水量 76.5 亿 m^3,占梧州站的 10.97%(2005 年);龙滩—贵港—京南—梧州区间平均水量 221 亿 m^3,平均占梧州站的 42.86%,最大水量 456.6 亿 m^3,占梧州站的 57.16%(1998 年)。

　　梧州站 3 d 洪量组成中受龙滩水库控制的平均水量 17.6 亿 m^3,平均占梧州站的 24.41%,最大水量 23.9 亿 m^3,占梧州站的 35.0%(1969 年);贵港站以上(即西津水库以上)平均水量为 20.1 亿 m^3,平均占梧州站的 27.49%,最大水量 44.6 亿 m^3,占梧州站的 48.11%(2001 年);京南站平均水量为 10.8 亿 m^3,平均占梧州站的 13.51%,最大水量 27.6 亿 m^3,占梧州站的 20.98%(2005 年);龙滩—贵港—京南—梧州站区间平均水量为 29.5 亿 m^3,平均占梧州站的 35.12%,最大水量 81.9 亿 m^3,占梧州站的 60.68%(1998 年)。

　　龙滩水库调洪前后梧州站平均组成统计见表 3-15。

表 3-15　龙滩调洪前后梧州站逐年最大洪水组成平均值统计

项目	实测/%				龙滩调洪后/%			
	天峨	贵港	京南	龙滩—贵港—京南—梧洲区间	天峨	贵港	京南	龙滩—贵港—京南—梧洲区间
洪峰	32.18	24.55	18.44	24.83	28.45	24.45	18.44	28.56
1 d 洪量	34.92	27.49	17.28	20.31	26.53	27.49	17.28	28.70
3 d 洪量	31.48	26.96	13.51	28.05	24.41	26.96	13.51	35.12
7 d 洪量	28.69	26.69	10.44	34.18	24.00	26.69	10.44	38.86
15 d 洪量	27.47	25.59	8.78	38.16	24.58	25.59	8.78	41.04
30 d 洪量	25.28	24.23	7.72	42.86	24.87	24.32	7.72	43.08

3.2.3.4　洪水涨率

对梧州、大湟江口、京南三站年洪水涨率进行分析,涨率最大的 5 场洪水和多年平均值见表 3-16。由表 3-16 可见,除大湟江口站"76·7"洪水和京南站"76·7"洪水外,涨率排名前五的年份都不是大水年份,涨率的大小和洪水量级的大小相关性不强,而且最大涨率往往出现在洪水开始起涨的阶段。

表 3-16　梧州、大湟江口、京南三站年最大涨率排序

排序	梧州				大湟江口				京南			
	最大涨率/[(m³/s)/h]	相应年份	相应时间	最大洪峰/(m³/s)	最大涨率/[(m³/s)/h]	相应年份	相应时间	最大洪峰/(m³/s)	最大涨率/[(m³/s)/h]	相应年份	相应时间	最大洪峰/(m³/s)
1	1 710	1994	6 月 10 日 2:00	49 200	2 480	1952	7 月 19 日 18:00	24 100	2 190	1966	6 月 21 日 13:00	9 630
2	1 500	1993	7 月 11 日 22:00	34 900	1 400	1976	6 月 11 日 0:00	38 400	1 500	1959	5 月 16 日 11:00	10 900
3	1 400	2004	7 月 12 日 17:00	37 600	1 300	2004	7 月 21 日 16:00	37 700	1 450	1 995	6 月 16 日 6:00	7 460
4	1 390	1984	9 月 9 日 20:00	22 900	1 230	1965	8 月 26 日 8:00	20 700	1 390	1976	6 月 9 日 8:00	9 730
5	1 340	1997	7 月 7 日 8:00	43 800	1 150	1955	7 月 25 日 8:00	24 300	1 340	1961	5 月 1 日 23:00	8 620
多年平均	653			37 680	651			29 000	744			9 270

3.3　防洪控制断面典型洪水地区组成分析

大藤峡水利枢纽防洪调度以西江梧州站作为主要防洪控制断面,分析梧州站典型洪水地区组成情况对调度规则制定有重要的参考意义。

选取梧州站发生的 11 场实测大洪水分析其地区组成情况,见表 3-17。由表 3-17 可知,西江控制站梧州站年最大 30 d 洪量的平均组成情况为:干流武宣站占 68.0%,大于流域面积比 60.1%,支流郁江贵港站占 18.0%,小于流域面积比 26.4%,桂江京南站占 8.3%,大于流域面积比 5.3%,武宣站、贵港站、京南站至梧州站区间占 5.7%,小于流域面积比 8.2%。

表 3-17　西江梧州站实测大洪水年最大 30 d 洪量组成情况

站名	项目	年份												比例
		1947	1949	1962	1968	1974	1976	1988	1994	1996	1998	2005	2008	
梧州	W30 d/亿 m³	820	884	655	822	724	542	582	735	637	800	698	550	
	开始日期(月-日)	06-08	06-25	06-15	06-23	07-03	06-28	08-24	07-20	06-27	06-20	06-07	05-31	100
大湟江口	W30 d/亿 m³	631	744	584	769	654	483	527	622	594	667	575	433	
	占梧州站/%	77.0	84.2	89.2	93.5	90.4	89.1	90.5	84.6	93.3	83.3	82.4	78.7	88.2
武宣	W30 d/亿 m³	422	593	440	591	511	455	479	376	514	488	422	335	
	占梧州站/%	51.4	67.1	67.1	71.9	70.6	83.9	82.3	51.1	80.7	61	60.5	60.9	60.1
迁江	W30 d/亿 m³	213	200	169	301	248	222	200	151	195	172	164	108	
	占梧州站/%	26.0	22.6	25.8	36.6	34.3	40.9	34.4	20.5	30.6	21.5	23.5	19.6	39.4
京南	W30 d/亿 m³	52.7	68.6	49.7	76.8	53.7	48.6	35.8	64.3	46.2	73.1	91	68.6	
	占梧州站/%	6.4	7.8	7.6	9.3	7.4	9.0	6.2	8.7	7.3	9.1	13.0	12.5	5.3
贵港	W30 d/亿 m³	186	117	123	168	138	47.8	72.1	232	97.8	147	123	59.1	
	占梧州站/%	22.7	13.2	18.7	20.5	19	8.8	12.4	31.6	15.4	18.4	17.6	10.7	26.4
柳州	W30 d/亿 m³	89.5	233	182	195	176	151	201	143	244	177	145	117	
	占梧州站/%	10.9	26.4	27.8	23.7	24.3	27.7	34.5	19.5	38.3	22.1	20.8	21.3	13.9

3.4　干支流洪水传播时间

根据实测洪水过程及河道特性,分析西江干支流洪水传播时间。龙滩水库下游天峨站至迁江站河长 412 km,平均传播时间 48 h;红水河迁江站至武宣站河长 146 km,平均传播时间 16 h;柳江柳州站至黔江武宣站河长 206 km,平均传播时间 26 h;武宣站至浔江大湟江口站河长 96 km,平均传播时间 12 h;郁江西津站至贵港站河长 111 km,平均传播时间 16 h,贵港站至大湟江口站河长 131 km,平均传播时间 18 h;大湟江口至梧州站河长 144 km,平均传播时间 23 h。

3.5　本章小结

大藤峡水利枢纽工程开发任务为防洪、航运、发电、补水压咸、灌溉等综合利用,大藤峡水利枢纽发电优化调度需优先满足防洪、航运等要求。本章从涨水历时、洪峰遭遇、洪水组成、涨率等方面进行流域干支流洪水遭遇规律研究,分析结果显示:在黔江的洪水组成中,柳江洪水占主导地位,从涨水历时、洪峰发生时间、洪峰流量相关性来分析,柳州站与武宣站之间的规律性均明显强于迁江站;在浔江的洪水组成中,黔江洪水占主导地位,从涨水历时、洪峰发生时间、洪峰流量相关性来分析,武宣站与大湟江口站之间的规律性均明显强于贵港站;在西江的洪水组成中,浔江洪水占主导地位,从涨水历时、洪峰发生时间、洪峰流量相关性来分析,大湟江口站与梧州站之间的规律性均明显强于京南站。此外,还分析了防洪控制断面典型洪水地区组成,干支流洪水传播时间等,为发电优化调度研究提供依据。

第4章 入库流量预报分析

大藤峡水利枢纽发电优化调度采用预报预泄发电调度方案,入库流量预报直接关系调度规则的制定。本章在对现有水文预报方法研究的基础上,提出采用降雨径流水文模型方法和经验相关方法进行大藤峡水利枢纽入库洪水预报,为发电优化调度研究提供支撑。

4.1 水文预报方法

水文预报就是根据已知的信息对未来一定时期内的水文状态做出定性或定量的预测。水文预报方法以水文基本规律、水文模型研究为基础,结合生产实际问题的需要,构成具体的预报方法或预报方案,服务于生产实际。水文预报按水情特点和预报内容分为洪水预报、枯水预报、冰情预报、台风暴潮预报、沙量预报等,按预见期的长短分为短期水文预报和中长期水文预报。水文预报在防汛、抗旱、水资源开发利用、国民经济建设和国防等领域都有广泛的应用,其中应用最广泛的是对洪水的预报。本书入库流量预报为制订汛期预报预泄发电调度方案服务,实际上为洪水预报。

4.1.1 洪水预报研究概况

4.1.1.1 洪水预报初级阶段

洪水预报是在人类与自然斗争的需求推动下发展起来的应用学科。20世纪30年代之前,该学科还在经验性阶段,预报只是凭借预报者的个人经验和认识能力。

洪水预报技术形成形态萌生于20世纪30年代。1932年,L. K. 谢尔曼(Sherman)提出单位线汇流方法。1933年,R. E. 霍顿(Horton)提出下渗理论与下渗计算公式。1938年,G. T. 麦卡锡(McCarthy)提出流量演算法,此法最早在美国马斯京根河流域上使用,因而被称为马斯京根法;同年,F. F. 斯奈德(Snyder)提出对短缺资料地区使用综合单位线进行汇流计算的预报方法。这些都是沿用至今的洪水预报的基本方法。

4.1.1.2 系统理论引入洪水预报

系统理论向洪水预报技术的渗透是从20世纪50年代开始的。最初引起水文学者兴趣的是谢尔曼单位线与系统响应函数定义惊人的一致,于是用系统离线识别算法作为推求单位线的工具的研究首先兴起。1949年,林斯雷(Linsley)等提出单位线可以用最小二乘法去推求。1957年,纳什(Nash)提出使用系统脉冲响应函数——瞬时单位线的概念,并用统计矩来表达瞬时单位线的二参数。1967年,国际水文科学协会主席杜格教授在美国马里州大学作了《水文系统的线性理论》的专题讲座,并于1979年11月来我国就此进行了讲学,全面阐述了系统理论对于水文学的适用性,完整地介绍了系统理论的基本概念,用系统研究的方法将水文学的推理公式、等流时线、S-曲线、马斯京根法、流域水文模型等用系统理论贯穿起来,总结了响应函数离线识别的 10 余种方法,并对识别中出现的单位线振荡问题做了研究和讨论。由于权威学者的推动,系统理论的应用进入了加速发展时期。

4.1.1.3　流域水文模型

20 世纪 50 年代后期,随着电子计算机和系统理论应用的迅速发展,水文学中提出了水文模拟的概念和方法。水文模拟方法是对上述各种方法取长补短并结合起来而形成的。它一方面有别于数学物理方法的严密性,另一方面又有别于概化推理方法的设计性,它吸取了经验相关法中合理的物理概念,并把这些概念系统化成一个推理计算的模式,因此它可以采用比较严密的结构,也可以采用比较粗略的结构或黑箱子模型作为部分结构。对水文现象进行模拟而建立的一种数学结构称为水文数学模型。水文数学模型可分为确定性模型和随机性模型两大类:描述水文现象必然性规律的数学结构称为确定性模型;而描述水文现象随机性规律的数学结构则称为随机性模型。其中,确定性模型可分为集总式和分散式模型两种,前者忽略水文现象空间分布的差异,后者则相反。概念性水文模型属于确定性模型的范畴,它以水文现象的物理概念作基础,采用推理和概化的方法对流域水文现象进行水文模拟。概念性模型在一定程度上考虑了系统的物理过程,力图使其数学模型中的参数有明确的物理概念。因此,建立概念性流域水文模型,首先要建立模型的结构,并以数学方式表达;其次要用实测降雨径流资料来率定模型的参数。自 20 世纪 60 年代初期,随着计算机的发展,产生了大量的流域水文模型,其中有代表性的、应用较多的有斯坦福(Stanford)模型、萨克拉门托(Sacrament)模型、坦克(Tank)模型和我国的新安江模型。

在我国水文预报的实践中,不仅广泛使用概念性模型,如新安江模型等,而且也开始使用按系统分析方法求解的黑箱子模型。文康等(1986)介绍了以多元线性回归方法为基础的总径流线性响应模型和线性扰动模型的数学结构及其在长江三峡地区的应用。王真荣(1991)对 TLR 模型做了改进,采用某一标准的暴雨强度为临界值对降雨系列进行分阶计算,可以考虑雨强对径流的影响。王厥谋等(1987)指出了 TLR 模型和 LPM 模型以及约束线性系统模型(CLS)的缺陷,并将新安江概念模型与 CLS 模型结合起来,提出了综合约束线性系统模型(SCLS),并建立了一个通用计算机程序包,开始在我国实际应用。张国祥(1994),探讨了常用水文模型中的蒸发、下渗和产汇流机制,并剖析了模型中存在的问题,为实际工作中模型的选择和应用提供了借鉴。

4.1.1.4　实时洪水预报

"实时"是计算机科学用语。控制理论上实时预报的核心技术是利用"新息"(当前时刻预报值与实测值之差)导向,对于系统模型或者对预报做出现时校正。实时洪水预报指的是对将发生的未来洪水在实际时间进行预报。系统动态识别亦称参数自适应估计,卡尔曼滤波就是这类方法的典型代表。最早将卡尔曼滤波应用于水文预报研究的是日本学者 Hino,他明确提出卡尔曼滤波适用于水文预报,并用卡尔曼滤波器递推地估计降雨径流的响应函数。1976 年,莫尔和威斯在《使用推广的卡尔曼滤波器于非线性流域模型的实时参数估计》中提出了将非线性汇流模型进行线性化,然后使用推广的卡尔曼滤波器对模型参数进行在线估计。克鲁凯等在《实时降雨–径流预报的三种系统方法》中应用了三种算法在降雨径流预报中进行试用比较,比较的结果是递推最小二乘法最佳,卡尔曼滤波与之相近,自学习法较差。1987 年,张恭肃等在《确定性水文预报模型的实时校正》一文中,针对任何一个确定性水文模型进行预报后将出现一个具有相关性的误差序列这一事实,对此误差系列建立一个状态空间方程,以参数向量作为状态向量,即可用系统识别方法估计其参数,用来估计预见期的可能误差,达到实时校正的目的,并取得了较好的预报效果阵。1987 年,葛守西在《产汇流两阶段校正和参数动态预测算法的实时洪水预报模型》一文中,创建了一个新的动态模型,在产流预报中以蓄满产流模型的卡尔曼滤波算法进行实时校正,在汇流预报中采用一般线性汇流模型衰减记忆动态识别方法并配合汇流模型的动态判类、分类对预见期的参数变化进行预测,并于 1993 年对模型进行改进,采用模糊分类和模糊模式识别的算法改进了分类处理技术,进一步实现了分布式产流的卡尔曼滤波算法,此算法在嘉陵江三流域上建模获得成功。

4.1.2　洪水预报方法选择

　　水文预报按其预报的项目可分为径流预报、冰情预报、沙情预报和水质预报。径流预报又可分为洪水预报和枯水预报两种,预报的要素主要是水位和流量。按其预见期的长短,可分为短期水文预报和中长期水文预报。预报的预见期是指发布预报与预报要素出现的时间间距。在水文预报中,预见期的长与短并没有明确的时间界限,习惯上把主要由水文要素做出的预报称为短期预报;把包括气象预报性质在内的水文预报称为中长期预报。

　　根据大藤峡水利枢纽发电调度方案研究的要求,需采用预报预泄法对汛期水位进行动态控制,以优化调度方案。调度方案研究对入库流量预报的要求实际上是实时洪水预报的概念。

　　实时洪水预报的基本任务是根据采集的实施雨量、蒸发、水位等观测资料信息,对未来将发生的洪水做出洪水总量、洪峰及发生时间、洪水发生过程等情况的预测。实时洪水预报要求预报精度尽可能高、预见期尽可能长、受系统环境影响尽可能小和动态跟踪能力尽可能强。

　　实时洪水预报属短期水文预报,其方法分为两大类:一类是河段洪水预报,如相应水位(流量)法。相应水位(流量)法利用河道中洪水波的运动规律,由上游断面的洪水位和洪水流量来预报下游断面的洪水位和洪水流量。第二类方法是流域降雨径流(包括流域模型)法。流域降雨径流法依据降雨形成径流的原理,直接从实时降雨预报流域出口断面的洪水总量和洪水过程。

　　大藤峡水利枢纽坝址以上干流及较大支流均有控制性水文测站,累积有较长的水位、流量观测资料,坝址实时洪水预报方案可采用两类方法分别制订预报方案,经综合分析后选择适用于调度方案研究的洪水预报方案。

4.2　洪水预报方案

　　大藤峡水利枢纽入库流量由上游来水量、区间来水量以及库面直接承受的降水量组成。武宣水文站距离大藤峡水利枢纽坝址约 59 km,集水面积 196 655 km²,占大藤峡坝址集水面积(198 612 km²)的 99%,在制订洪水预报方案时以武宣站历史资料进行率定和检验。

采用降雨径流水文模型方法和经验相关方法制订武宣站洪水预报方案如下。

4.2.1　降雨径流模型法

武宣站方案范围为红水河迁江站、柳江柳州站、洛清江对亭站以下至黔江武宣站河段。迁江—武宣、柳州—武宣和对亭—武宣河段分别采用河道流量演算方法,迁江站、柳州站和对亭站至武宣站的区间采用降雨径流模型计算,武宣站洪水预报方案构成见图 4-1,预报方案模型流程见图 4-2,研究区间和雨量站点分布见图 4-3。

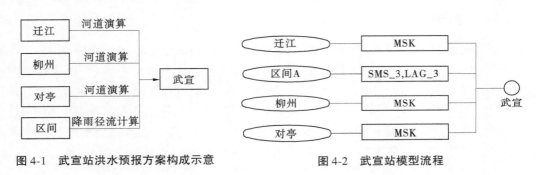

图 4-1　武宣站洪水预报方案构成示意　　　　　　　图 4-2　武宣站模型流程

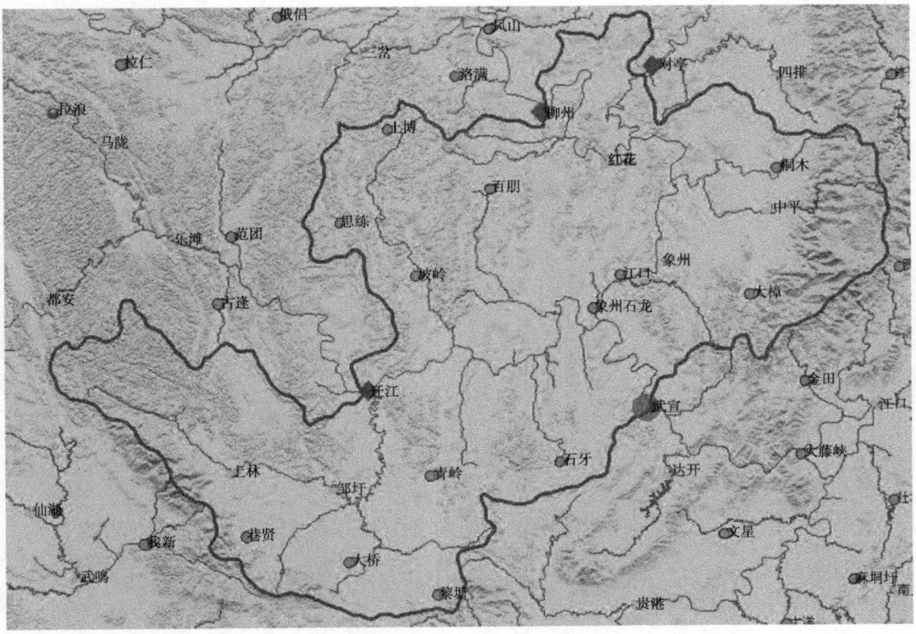

图 4-3　武宣站研究区间和雨量站点分布

4.2.2　相关图法

自 20 世纪 90 年代初始,水利部珠江水利委员会一直致力于珠江流域洪水预报方案的编制工作,尤其在 1994—1998 年 5 年间,连续发生 5 场大洪水后,根据国家防办有关文件要求,在水利部水文局(水利信息中心)的指导下,由珠江水利委员会下属水文局牵头,组织编制了《珠江流域洪水预报方案》,并于 2000 年 6 月经水利部水文局和流域内各省(自治区)水文部门的专家审查,正式成果于 2000 年 12 月刊印公布。

4.3　预报方案分析

4.3.1　降雨径流模型法

武宣站洪水预报方案选用 1968—1997 年共 14 年的历史资料,对大、中、小洪水共 43 场进行率定计算,总体确定性系数为 0.969,过程水量平衡误差 1.7%。根据入库控制站与武宣站洪水传播时间,洪水预报方案的预见期为 24 h,过程预报精度评定为甲级。选用 1998 年、2001 年、2005 年共 3 年 8 场洪水对构建的武宣站洪水预报方案进行检验,总体确定性系数为 0.957,预报精度达甲级,预报合格率为 100%。武宣站洪水预报方案率定期和检验期各目标函数统计见表 4-1,场次洪水计算效果见表 4-2。

表 4-1　武宣站洪水预报方案目标函数值统计

类别	过程确定性系数	过程水量平衡误差/%
率定期	0.969	1.7
检验期	0.957	2.5

表 4-2　武宣站率定期和检验期场次洪水计算效果统计

年份	实测		预报		洪峰相对误差/%	峰现误差	过程水量平衡误差/%	确定性系数
	洪峰流量/(m³/s)	峰现时间	洪峰流量/(m³/s)	峰现时间				
1968	15 600	5 月 26 日 8:00	14 700	5 月 27 日 2:00	−5.8	3	−3.0	0.980
	33 700	6 月 29 日 8:00	33 700	6 月 29 日 8:00	0	0	0.4	0.983
	17 500	8 月 26 日 20:00	18 600	8 月 26 日 20:00	6.3	0	−2.2	0.965
1976	11 500	6 月 21 日 20:00	11 100	6 月 21 日 20:00	−3.5	0	1.5	0.920
	15 500	7 月 1 日 20:00	15 300	7 月 1 日 14:00	−1.3	−1	2.1	0.960
	43 400	7 月 11 日 8:00	44 600	7 月 11 日 2:00	2.8	−1	1.1	0.971

注:峰现误差 1 段为 6 h。

续表 4-2

年份	实测		预报		洪峰相对误差/%	峰现误差	过程水量平衡误差/%	确定性系数
	洪峰流量/（m³/s）	峰现时间	洪峰流量/（m³/s）	峰现时间				
1978	30 500	5 月 19 日 14：00	30 200	5 月 19 日 8：00	−1.0	−1	0.6	0.973
	25 400	5 月 29 日 2：00	24 400	5 月 29 日 8：00	−3.9	1	−0.6	0.978
	16 700	6 月 11 日 8：00	16 000	6 月 11 日 8：00	−4.2	0	0	0.979
1985	17 100	6 月 8 日 14：00	17 000	6 月 8 日 8：00	−0.6	−1	−1.8	0.980
	14 900	7 月 9 日 20：00	14 400	7 月 9 日 20：00	−3.4	0	0.4	0.993
	4 620	7 月 28 日 8：00	4 670	7 月 28 日 2：00	1.1	−1	−0.7	0.972
	10 100	9 月 10 日 8：00	10 300	9 月 10 日 20：00	2.0	2	−2.5	0.975
1988	27 800	6 月 30 日 20：00	27 300	6 月 30 日 20：00	−1.8	0	2.9	0.968
	42 200	9 月 1 日 8：00	43 900	9 月 1 日 2：00	−3.9	−1	4.6	0.955
1989	5 500	5 月 18 日 14：00	5 500	5 月 18 日 8：00	0	−1	2.7	0.954
	18 000	7 月 3 日 8：00	17 300	7 月 4 日 8：00	−3.9	4	4.6	0.977
1990	21 200	6 月 2 日 14：00	20 300	6 月 2 日 20：00	−4.2	1	3.2	0.934
	12 900	7 月 22 日 14：00	12 100	7 月 22 日 20：00	−6.2	1	4.8	0.935
	17 600	6 月 29 日 8：00	16 500	6 月 29 日 2：00	−6.3	−1	4.8	0.951
1991	24 400	6 月 12 日 14：00	24 200	6 月 12 日 14：00	−0.8	0	−0.2	0.991
	18 300	8 月 15 日 2：00	17 300	8 月 15 日 2：00	−5.5	0	2.6	0.987
1992	29 800	7 月 7 日 14：00	28 700	7 月 7 日 14：00	−3.7	0	2.1	0.988
	18 200	5 月 18 日 20：00	17 800	5 月 19 日 2：00	−2.2	1	2.0	0.974
1993	33 700	7 月 10 日 20：00	35 700	7 月 10 日 20：00	5.9	0	4.1	0.974
	14 700	8 月 15 日 14：00	15 100	8 月 15 日 20：00	2.7	1	3.3	0.926
	12 500	8 月 25 日 20：00	12 400	8 月 25 日 20：00	−0.8	0	1.9	0.961
	12 400	9 月 21 日 8：00	12 300	9 月 21 日 8：00	−0.8	0	4.3	0.973
1994	15 700	5 月 28 日 14：00	15 700	5 月 28 日 14：00	0	0	−2.4	0.964
	44 400	6 月 18 日 8：00	48 000	6 月 18 日 8：00	8.1	0	2.6	0.954
	31 400	7 月 20 日 8：00	32 200	7 月 20 日 8：00	2.5	0	−0.9	0.960
	20 700	8 月 11 日 14：00	20 900	8 月 11 日 20：00	1.0	1	−2.6	0.980

续表 4-2

年份	实测		预报		洪峰相对误差/%	峰现误差	过程水量平衡误差/%	确定性系数
	洪峰流量/（m³/s）	峰现时间	洪峰流量/（m³/s）	峰现时间				
1995	5 930	5 月 6 日 20:00	6 210	5 月 6 日 14:00	4.7	−1	2.4	0.956
	14 400	7 月 5 日 8:00	14 100	7 月 5 日 2:00	−2.1	−1	1.5	0.972
	17 000	8 月 24 日 8:00	16 700	8 月 23 日 20:00	−1.8	−2	1.5	0.981
	31 700	6 月 9 日 20:00	33 200	6 月 9 日 20:00	4.7	0	2.0	0.989
1996	7 910	4 月 21 日 2:00	7 590	4 月 21 日 2:00	−4.0	0	2.5	0.986
	16 900	7 月 31 日 8:00	17 300	7 月 31 日 14:00	2.4	1	−0.1	0.966
	17 900	8 月 21 日 14:00	17 100	8 月 21 日 20:00	−4.5	1	4.5	0.975
	29 200	7 月 2 日 8:00	29 800	7 月 2 日 2:00	2.1	−1	2.6	0.976
1997	15 300	6 月 11 日 20:00	14 000	6 月 11 日 14:00	−8.5	−1	2.6	0.938
	14 500	6 月 24 日 2:00	13 700	6 月 23 日 20:00	−5.5	−1	1.7	0.977
	33 600	7 月 9 日 14:00	33 300	7 月 9 日 14:00	−0.9	0	3.4	0.984
合计	—	—	—	—			1.7	0.969
1998	37 600	6 月 26 日 14:00	36 400	6 月 26 日 2:00	−3.2	−2	4.4	0.958
	26 400	7 月 26 日 14:00	26 500	7 月 26 日 14:00	0.4	0	4.0	0.979
2001	22 900	6 月 12 日 14:00	21 300	6 月 12 日 14:00	−7.0	0	4.3	0.950
	22 500	7 月 10 日 8:00	20 700	7 月 10 日 8:00	−8.0	0	4.9	0.961
	13 600	8 月 4 日 14:00	13 000	8 月 4 日 14:00	−4.4	0	4.7	0.941
	13 200	5 月 28 日 8:00	13 300	5 月 28 日 14:00	0.8	1	−4.4	0.961
2005	17 300	6 月 8 日 14:00	17 400	6 月 8 日 14:00	0.6	0	−4.6	0.950
	38 500	6 月 22 日 2:00	36 900	6 月 21 日 14:00	−4.2	−2	1.7	0.958
合计	—	—	—	—	—	—	2.5	0.957

降雨径流水文模型法洪水预报方案率定期总体确定性系数为 0.969,过程水量平衡误差 1.7%;检验期总体确定性系数为 0.957,过程水量平衡误差 2.5%,预报精度均达到甲级,可以用于作业预报。率定期和检验期场次洪水的洪峰流量实测值与计算值相关关系见图 4-4,总共选用了 51 场场次洪水,其中洪峰相对误差小于或等于 5%的共有 40 场,占总场次数的 78.4%。

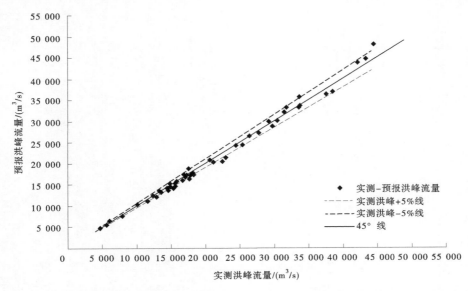

注：图中"实测洪峰+5%线"和"实测洪峰-5%线"分别为实测洪峰流量±5%误差线。

图 4-4　武宣站 24 h 预报方案场次洪水实测值与计算值相关关系

4.3.2　相关图法

《珠江流域洪水预报方案》中关于武宣站洪峰水位预报方案,是根据武宣站水情特征和上游水文站位置及资料情况,按合成流量方法和趋势法原理进行预报方案编制的。由于武宣站洪水主要来自红水河和柳江,其合成流量方法则根据红水河上的迁江($F = 128\ 938\ \text{km}^2$)、柳江上的柳州($F = 45\ 413\ \text{km}^2$)和对亭($F = 7\ 274\ \text{km}^2$)3 个控制站的同时流量与武宣站洪峰水位建立相关关系进行武宣站洪峰水位预报,可得预见期 24 h。该方案在充分利用现有 1954—1998 年武宣站洪峰水位大于 51.00 m 的 58 场洪水资料,建立预报相关图,同时采用实际发生的 1995 年、1996 年、1997 年 5 场洪水作为方案检验(5 场洪水不参与建模)基础上提出的。迁江、柳州、对亭三站合成流量与武宣站洪峰水位关系预报见图 4-5。

按照《水文情报预报规范》(SL 250—2000)对相关图法进行预报精度评定,洪峰水位率定期和检验期预报合格率分别为 74.1%、80.0%,均达到乙等,可用于作业预报。该方案在 2005 年初调水压咸和 2005 年 6 月大洪水防汛指挥调度中进行了运用,方案的预报精度得到了进一步的检验。

4.3.3　方案选择

武宣站洪水预报方案主要有降雨径流水文模型方法和经验相关方法,预见期为 24 h,预报精度均满足作业预报要求。

预报方案采用的控制站迁江、柳州和对亭站集水面积分别为 128 938 km²、45 413 km²、7 274 km²,合计 181 625 km²,占大藤峡坝址以上集水面积 198 612 km² 的 91.4%,无

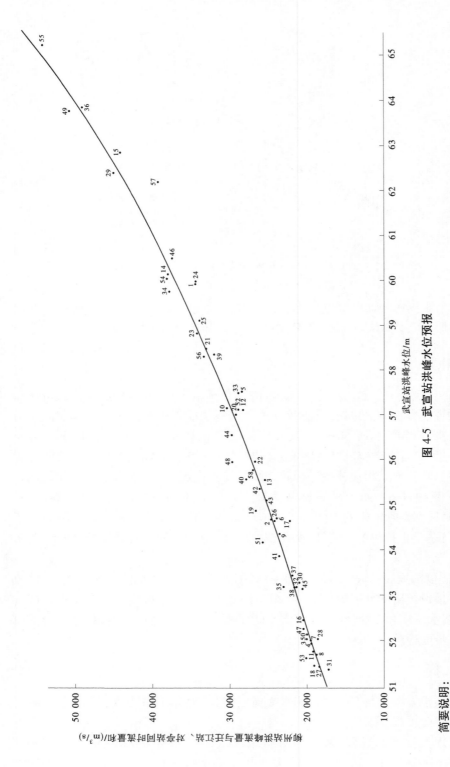

图 4-5　武宣站洪峰水位预报

简要说明：

1. 预报方案采用 1954—1998 年 58 场武宣站洪峰水位大于 51.00 m 的洪峰与上游柳州站洪峰流量及红水河迁江站、洛清江对亭站同时流量和建立预报相关图，其中 1995 年、1996 年及 1997 年的 5 场洪水作为方案检验，不参与建图。

2. 方案制作均采用各站历年年综合 Z～Q 关系曲线推得的流量，因此作业预报时须统一采用原水位-流量综合曲线。

3. 上游合成流量为：∑$Q_{上} = Q_{柳州} + Q_{对} + Q_{证}$

4. 当迁江站处于涨水段，并且同时水位大于 76.00 m 时，则该站的同时流量应在原来的数值上增加 10%。

5. 方案简单、实用，经按《水文情报预报水文情报预报规范》进行评定检验，洪峰水位预报合格率分别为 74.1%、80.0%，均达乙等，可用于作业预报。

控区间面积仅占 8.6%。另外,迁江、柳州、对亭三站距大藤峡水利枢纽坝址距离分别约为 210 km、270 km、230 km,洪水传播时间约为 1 d,预见期满足要求。从满足预报精度要求且方案简单、实用,数据易获取的角度考虑,采用相关图法预报方案,即以迁江、柳州和对亭三站的合成流量作为大藤峡水利枢纽坝址 24 h 预报流量进行水库发电调度。

4.4　本章小结

本章在对现有水文预报方法研究的基础上,采用降雨径流水文模型方法和经验相关方法分别制订大藤峡水利枢纽入库洪水预报方案。经分析,率定和检验预报精度均满足作业预报要求,预见期均为 24 h。从满足预报精度要求且方案简单、实用,数据易获取的角度考虑,采用相关图法预报方案,即以迁江、柳州、对亭三站的合成流量作为大藤峡坝址 24 h 预报流量进行发电优化调度研究。

第 5 章　大藤峡水利枢纽工程发电优化调度

5.1　不考虑预报的发电调度方案研究

5.1.1　研究过程

5.1.1.1　"2003 年项目建议书"

"2003 年项目建议书"中初拟发电运行方式为分期固定水位运行：主汛期（5 月 1 日至 9 月 15 日）按最高发电水位 53.6 m 运行；次汛期（9 月 16 日至 10 月 31 日和 4 月 11 日至 4 月 30 日），按最高发电水位 57.6 m 运行；非汛期（11 月 1 日至翌年 4 月 10 日）按正常蓄水位 61.0 m 运行，由此确定的电站装机规模为 120 万 kW，多年平均发电量为 63.01 亿 kW·h。

5.1.1.2　"2007 年项目建议书"

"2007 年项目建议书"提出了考虑预报的发电动态调度方式：主汛期（6—7 月）最高发电运行水位 57.6 m，次汛期（5 月、8 月至 9 月 15 日）最高发电运行水位 59.6 m，非汛期（9 月 16 日至翌年 5 月）最高发电运行水位为正常蓄水位 61.0 m，汛期限制水位为 47.6 m。电站装机 120 万 kW 时，多年平均发电量 66.58 亿 kW·h。具体调度规则见表 5-1。

表 5-1　"2007 年项目建议书"大藤峡预报预泄发电运行调度方式

主汛期（6—7 月）		次汛期（5 月、8 月至 9 月 15 日）	
24 h 预报后流量 $Q_{预}/(m^3/s)$	要求达到水库水位 $Z_{库}/m$	24 h 预报后流量 $Q_{预}/(m^3/s)$	要求达到水库水位 $Z_{库}/m$
$Q_{预} \leqslant 5\ 000$	57.6	$Q_{预} \leqslant 4\ 000$	59.6
$5\ 000 < Q_{预} \leqslant 8\ 050$	55.6	$4\ 000 < Q_{预} \leqslant 6\ 510$	57.6
$8\ 050 < Q_{预} \leqslant 14\ 100$	53.6	$6\ 510 < Q_{预} \leqslant 11\ 800$	55.6
$14\ 100 < Q_{预} \leqslant 17\ 400$	51.6	$11\ 800 < Q_{预} \leqslant 17\ 400$	53.6
$17\ 400 < Q_{预} \leqslant 20\ 600$	49.6	$17\ 400 < Q_{预} \leqslant 20\ 600$	51.6
$20\ 600 < Q_{预} \leqslant 25\ 000$	47.6	$20\ 600 < Q_{预} \leqslant 25\ 000$	49.6
$25\ 000 \leqslant Q_{预}$	47.6	$25\ 000 \leqslant Q_{预}$	47.6

注：1. 正常蓄水位 61.0 m，汛期限制水位为 47.6 m；
　　2. $Q_{预}$ 为预见期为 24 h 的坝址预报流量。

5.1.1.3　2010 年项目建议书补充论证报告

2010 年 6 月《大藤峡水利枢纽工程项目建议书工程规模补充论证报告》（简称补充论证

报告提出了以迁江、柳州、对亭三站合成流量为调度依据的测报调度方案:主汛期(6—8月)最高发电水位 53.6 m,次汛期(5月、9月)最高发电水位 59.6 m,非汛期(10月至翌年4月)最高运行水位为正常蓄水位 61.0 m,汛期限制水位为 47.6 m。电站装机规模由 120 万 kW 增加至 160 万 kW,多年平均发电量为 67.47 亿 kW·h。具体调度规则见表 5-2。

表 5-2　"补充论证报告"大藤峡发电运行测报调度方案

主汛期(6—8月)腾空库容		
三站合成入库流量 $Q_{三站}/(\text{m}^3/\text{s})$	水库下泄量 $Q_{泄}/(\text{m}^3/\text{s})$	要求达到水库水位 $Z_{库}/\text{m}$
$Q_{三站} \leq 12\ 000$	$Q_{泄} = Q_{坝}$	53.6
$12\ 000 < Q_{三站} \leq 20\ 000$	$Q_{泄(i-1\text{ h})} + 1\ 500$	47.6
$Q_{三站} > 20\ 000$		
次汛期(5月、9月)腾空库容		
三站合成入库流量 $Q_{三站}/(\text{m}^3/\text{s})$	水库下泄量 $Q_{泄}/(\text{m}^3/\text{s})$	要求达到水库水位 $Z_{库}/\text{m}$
$Q_{三站} \leq 5\ 000$	$Q_{泄} = Q_{坝}$	59.6
$5\ 000 < Q_{三站} \leq 14\ 000$	$Q_{泄(i-1\text{ h})} + 1\ 000$	53.6
$Q_{三站} > 14\ 000$		47.6

注:1. $Q_{三站}$ 为迁江、柳州、对亭三站实测合成流量;

　　2. $Q_{泄(i-1\text{ h})}$ 为坝址前 1 h 下泄流量;

　　3. $Q_{坝}$ 为坝址当前流量;

　　4. $Z_{库}$ 为水库水位。

大藤峡水库汛期 6—8 月需要承担下游防洪任务,项目建议书阶段虽然通过典型洪水分析,采用预报预泄动态调度方式或采用上游入库站实测流量的非预报动态调度方式都可将库区淹没、对下游防洪等的风险控制在可接受的范围内,但项目建议书评估时认为该阶段采用动态调度方式仍有可能存在风险,建议兴利应当服从防洪,在评估后的项目建议书采用如下规则:汛期 6—8 月按固定水位 47.60 m 运行;对于汛期 5 月及 9 月,虽然发生大洪水的概率较小,但仍会发生常遇中、小洪水,枯水期 10 月至翌年 4 月也会发生小洪水,为控制淹没,汛期 5 月及 9 月水库按 59.6 m 水位运行,当发生洪水时,逐步降低库水位,在达到 5 年一遇洪峰流量前将库水位降低至 47.6 m;枯水期 10 月至翌年 4 月,一般按正常蓄水位运行,当库区发生小洪水,逐步降低库水位至 54.6 m。

5.1.1.4　2012 年可行性研究

可行性研究阶段,水库发电运行调度分别研究了预报预泄方案、测报预泄方案及固定水位方案,通过典型洪水分析计算,各方案均能满足防洪和库区淹没要求,但可研报告审查专家认为在设计阶段采用预报调度存在一定的风险。同时,大藤峡水利枢纽建设任务中防洪为主要功能,防洪地位至关重要。因此,设计阶段为安全起见,采用不同时期控制最高发电水位(其中汛期 6—8 月按最高发电水位 47.6 m)的调度方案,见表 5-3~表 5-5。

表 5-3　汛期 6—8 月发电调度规则

三站合成入库流量 $Q_{三站}/(\text{m}^3/\text{s})$	当前库水位 $Z_库/\text{m}$	水库下泄量 $Q_泄/(\text{m}^3/\text{s})$	要求达到水库水位 $Z_库/\text{m}$	备注
$Q_{三站} \leqslant 20\,000$	$Z_库 = 47.6$	$Q_泄 = Q_坝$	47.6	
$Q_{三站} \leqslant 20\,000$	$Z_库 < 47.6$	$Q_{泄(i-1\,\text{h})} - 300$	47.6	回蓄
$Q_{三站} > 20\,000$		$Q_{泄(i-1\,\text{h})} + 1\,000$	45	停止发电,进一步降低水位减少淹没

表 5-4　汛期(5 月、9 月)发电调度规则

三站合成入库流量 $Q_{三站}/(\text{m}^3/\text{s})$	当前库水位 $Z_库/\text{m}$	水库下泄量 $Q_泄/(\text{m}^3/\text{s})$ 腾空	回蓄	要求达到水库水位 $Z_库/\text{m}$	备注
$Q_{三站} \leqslant 5\,000$	$Z_库 = 59.6$	$Q_泄 = Q_坝$		59.6	发电最高运行水位
	$Z_库 < 59.6$		$Q_{泄(i-1\,\text{h})} - 300$		
$5\,000 < Q_{三站} \leqslant 14\,000$	$53.6 < Z_库 \leqslant 59.6$	$Q_{泄(i-1\,\text{h})} + 1\,000$		53.6	
	$47.6 < Z_库 \leqslant 53.6$		$Q_{泄(i-1\,\text{h})} - 300$		
$14\,000 < Q_{三站}$		$Q_{泄(i-1\,\text{h})} + 1\,000$		47.6	

表 5-5　非汛期(10 月至翌年 4 月)发电调度规则

三站合成入库流量 $Q_{三站}/(\text{m}^3/\text{s})$	当前库水位 $Z_库/\text{m}$	水库下泄量 $Q_泄/(\text{m}^3/\text{s})$ 腾空	回蓄	要求达到水库水位 $Z_库/\text{m}$	备注
$Q_{三站} \leqslant 4\,500$	$Z_库 = 61$	$Q_泄 = Q_坝$		61.0	发电最高运行水位
	$Z_库 < 61.0$		$Q_{泄(i-1\,\text{h})} - 600$		
$4\,500 < Q_{三站} \leqslant 6\,000$	$59.6 < Z_库 \leqslant 61.0$	$Q_{泄(i-1\,\text{h})} + 1\,000$		59.6	水位和流量动态平衡
	$57.6 < Z_库 \leqslant 59.6$		$Q_{泄(i-1\,\text{h})} - 600$		
$6\,000 < Q_{三站} \leqslant 8\,000$	$57.6 < Z_库 \leqslant 59.6$	$Q_{泄(i-1\,\text{h})} + 1\,000$		57.6	
	$54.6 < Z_库 \leqslant 57.6$		$Q_{泄(i-1\,\text{h})} - 600$		
$8\,000 < Q_{三站} \leqslant 11\,000$		$Q_{泄(i-1\,\text{h})} + 1\,000$		54.6	
$Q_{三站} > 11\,000$		$Q_{泄(i-1\,\text{h})} + 1\,000$		47.6	

注:1. 腾空过程中最大下泄流量不超过多年平均洪峰流量 26 900 m^3/s;

2. $Q_{三站}$ 指迁江、柳州、对亭三站实测流量;

3. $Q_{泄(i-1\,\text{h})}$ 指坝址前 1 h 下泄流量;

4. $Q_坝$ 指坝址当前流量;

5. $Z_库$ 指水库水位。

5.1.1.5　2015 年初步设计

初步设计阶段,为了进一步降低淹没影响和满足鱼类产卵的生态敏感期要求,对可行性研究阶段发电调度规则进行了调整和完善,形成了最终的不考虑预报的发电调度方案。目前,大藤峡水利枢纽按此方案进行发电调度。

5.1.2　调度原则

为了确保实现工程的防洪任务,并有效地减少水库淹没,发电调度采用水库上游红水河的迁江站、柳江的柳州站和洛清江的对亭站三站的实测流量之和作为判据进行水库动态调度。经综合分析,汛期 6—8 月维持库水位在发电死水位 47.6 m 运行,为了进一步降低淹没,水位最低可降至 44.0 m,4 月、5 月、9 月按允许最高发电水位 59.6 m 控制运行,10 月至翌年 3 月按允许最高发电水位 61.0 m 控制运行,最低运行水位按 47.6 m 和 54.6 m 控制,可以满足水库淹没线的控制要求。当汛期 6—8 月流量大于 20 000 m³/s 时,为进一步降低淹没损失,可将 5 年一遇洪水水位临时降至 44 m 运行。

根据回水计算成果,5 月、9 月按流量分级方式对坝前水位进行控制,使整个库区水位保持在淹没补偿水位线以下。5 月、9 月天然情况和龙滩水库调节后的 100 年一遇洪水洪峰流量以及历年实测最大洪水均小于梧州站规划安全泄量(防洪标准 50 年一遇)及现状实际安全泄量(30 年一遇),现有防洪工程体系已经可以承担起防洪任务,梧州站以下沿江两岸防洪安全均可以满足。因此,5 月、9 月不需要大藤峡水库承担流域防洪任务。另外,根据 5 月、9 月日平均流量保证率曲线成果,日平均流量 22 400 m³/s 相应保证率为 0.24%,出现概率较少,因此最低运行水位可不降至 44.0 m,即可满足水库淹没线的控制要求。

5.1.3　调度规则

为确保水库淹没控制范围,发电调度采用水库上游红水河的迁江站、柳江的柳州站和洛清江的对亭站三站的实测流量之和作为判断依据进行水库动态调度:

(1)汛期 6—8 月:维持库水位在汛限水位 47.6 m 运行,当入库流量大于 20 000 m³/s 时,水库进行防洪调度,水位可降至防洪运用最低水位 44.0 m。

(2)汛期 5 月、9 月:按流量分级控制坝前水位方式运行,运行最高水位为 59.6 m。

(3)非汛期 10 月至翌年 4 月:非汛期 10 月至翌年 3 月按流量分级控制坝前水位方式运行,运行最高水位达到正常蓄水位 61.0 m;4 月运行最高水位为 59.6 m。

汛期及非汛期发电调度规则见表 5-6~表 5-9。

表 5-6　汛期 6—8 月发电调度规则

三站合成入库流量 $Q_{三站}$/(m³/s)	当前库水位 $Z_库$/m	水库下泄量 $Q_泄$/(m³/s)	要求达到水库水位 $Z_库$/m	备注
$Q_{三站} \leq 20\ 000$	$Z_库 = 47.6$	$Q_泄 = Q_坝$	47.6	
$Q_{三站} \leq 20\ 000$	$Z_库 < 47.6$	$Q_{泄(i-1\ h)} - 300$	47.6	回蓄
$Q_{三站} > 20\ 000$		$Q_{泄(i-1\ h)} + 1\ 000$	44.0	停止发电,进一步降低水位减少淹没

表 5-7　汛期(5 月、9 月)发电调度规则

三站合成入库流量 $Q_{三站}$/(m³/s)	当前库水位 $Z_库$/m	水库下泄量 $Q_泄$/(m³/s)		要求达到水库水位 $Z_库$/m	备注
		腾空	回蓄		
$Q_{三站}≤5\ 000$	$Z_库=59.6$	$Q_泄=Q_坝$		59.6	发电最高运行水位
	$Z_库<59.6$		$Q_{泄(i-1\ h)}-300$		
$5\ 000<Q_{三站}$ $≤14\ 000$	$53.6<Z_库≤59.6$	$Q_{泄(i-1\ h)}+1\ 000$		53.6	
	$47.6<Z_库≤53.6$		$Q_{泄(i-1\ h)}-300$		
$14\ 000<Q_{三站}$ $≤20\ 000$		$Q_{泄(i-1\ h)}+1\ 000$		47.6	
$Q_{三站}>20\ 000$		$Q_{泄(i-1\ h)}+1\ 000$		44.0	

表 5-8　非汛期(10 月至翌年 3 月)发电调度规则

三站合成入库流量 $Q_{三站}$/(m³/s)	当前库水位 $Z_库$/m	水库下泄量 $Q_泄$/(m³/s)		要求达到水库水位 $Z_库$/m	备注
		腾空	回蓄		
$Q_{三站}≤4\ 500$	$Z_库=61$	$Q_泄=Q_坝$		61.0	发电最高运行水位
	$Z_库<61.0$		$Q_{泄(i-1\ h)}-600$		
$4\ 500<Q_{三站}$ $≤6\ 000$	$59.6<Z_库≤61.0$	$Q_{泄(i-1\ h)}+1\ 000$		59.6	
	$57.6<Z_库≤59.6$		$Q_{泄(i-1\ h)}-600$		水位和流量动态平衡
$6\ 000<Q_{三站}$ $≤8\ 000$	$57.6<Z_库≤59.6$	$Q_{泄(i-1\ h)}+1\ 000$		57.6	
	$54.6<Z_库≤57.6$		$Q_{泄(i-1\ h)}-600$		
$8\ 000<Q_{三站}$ $≤11\ 000$		$Q_{泄(i-1\ h)}+1\ 000$		54.6	
$Q_{三站}>11\ 000$		$Q_{泄(i-1\ h)}+1\ 000$		47.6	

5.1.4　径流调节计算

5.1.4.1　计算方法

采用长系列进行径流调节计算,径流系列采用受上游天生桥一级、光照和龙滩等梯级调蓄影响的 1959—2009 年(共 50 年)逐日入库流量资料。

计算公式:

$$N = AQH \tag{5-1}$$

式中:N 为电站出力,MW;A 为出力系数,取 8.6;Q 为机组过流量,m³/s;H 为发电净水头。

表 5-9　非汛期(4 月)发电调度规则

三站合成入库流量 $Q_{三站}$/(m³/s)	当前库水位 $Z_库$/m	水库下泄量 $Q_泄$/(m³/s) 腾空	回蓄	要求达到水库水位 $Z_库$/m	备注
$Q_{三站}≤6\,000$	$Z_库=59.6$	$Q_泄=Q_坝$		59.6	发电最高运行水位
	$Z_库<59.6$		$Q_{泄(i-1\,h)}-600$		
$6\,000<Q_{三站}≤8\,000$	$57.6<Z_库≤59.6$	$Q_{泄(i-1\,h)}+1\,000$		57.6	水位和流量动态平衡
	$54.6<Z_库≤57.6$		$Q_{泄(i-1\,h)}-600$		
$Q_{三站}>8\,000$		$Q_{泄(i-1\,h)}+1\,000$		54.6	

注:1. 腾空过程中最大下泄流量不超过多年平均洪峰流量 26 900 m³/s;

2. $Q_{三站}$指迁江、柳州、对亭三站实测流量;

3. $Q_{泄(i-1\,h)}$指坝址前 1 h 下泄流量;

4. $Q_坝$指坝址当前流量;

5. $Z_库$指水库水位。

5.1.4.2　基础资料

1. 水库水位-容积曲线、水位-面积曲线

大藤峡水库水位-容积曲线、水位-面积曲线见图 5-1。

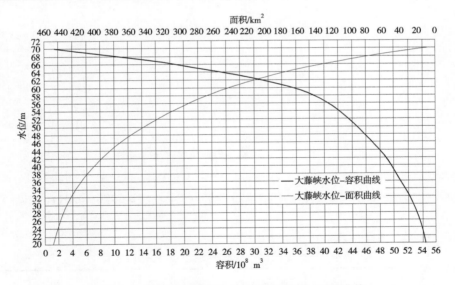

图 5-1　大藤峡水库水位-容积曲线、水位-面积曲线

2. 坝址水位流量关系

大藤峡水利枢纽坝下 200 m 水位-流量关系见图 5-2。

3. 泄流曲线

大藤峡水利枢纽泄流曲线见图 5-3。

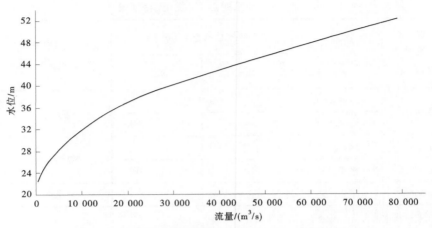

图 5-2　大藤峡水利枢纽坝下 200 m 水位-流量关系

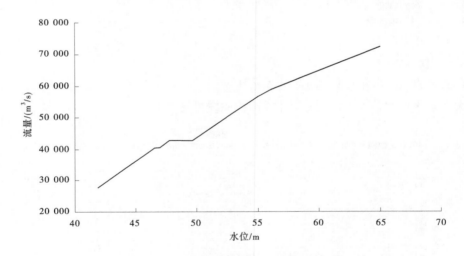

图 5-3　大藤峡水利枢纽泄流曲线

4. 水轮机运转综合特性曲线

大藤峡水电站采用 ZZA83-LH-1042 型水轮机组,水轮机运转综合特性曲线见图 5-4。

5. 船闸、鱼道及生态用水

船闸、鱼道及生态用水成果见表 5-10。

单位:m³/s

表 5-10　大藤峡水利枢纽船闸、鱼道、生态用水量

项目	月份											
	6	7	8	9	10	11	12	1	2	3	4	5
船闸用水	23.7			36.5	49.2							36.5
鱼道用水	6.6			0					6.6			
南木江生态用水	30			3							15	

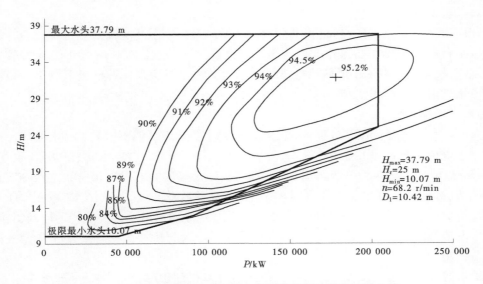

图 5-4　大藤峡水利枢纽工程水轮机运转综合特性曲线

6. 灌溉用水

大藤峡灌区分上游提水灌片和下游自流灌片,下游即达开灌片十八山补水泵站设计取水流量 7 m³/s,金田联合灌片南木江副坝取水口设计引水流量 8.8 m³/s,上游联合灌片万亩以上库区提水泵站总提水流量 10.6 m³/s(一级站)。多年平均灌溉补水流量过程见表 5-11。

表 5-11　大藤峡灌区多年平均灌溉补水流量过程　　　　单位:m³/s

月份	1	2	3	4	5	6	7	8	9	10	11	12
上游灌区补水	0.66	0.71	1.05	3.49	3.89	4.76	4.77	4.93	6.73	4.00	1.02	0.97
金田灌区补水	1.19	1.28	3.13	3.72	2.60	1.32	0.88	1.48	2.73	4.96	3.01	1.63
达开灌区补水	1.75	1.85	3.94	5.00	4.36	2.84	3.04	2.50	4.00	5.63	4.39	2.55
合计	3.60	3.84	8.12	12.21	10.85	8.92	8.69	8.91	13.46	14.59	8.42	5.15

7. 水库蒸发增损

水库蒸发增损量见表 5-12。

表 5-12　大藤峡水库蒸发增损量　　　　单位:mm

月份	1	2	3	4	5	6	7	8	9	10	11	12	合计
增损量	19.5	17.2	20.4	27.9	41.6	42.8	55.3	48.6	48.2	42.4	29.7	22.4	416.0

8. 最小生态环境流量

根据武宣站径流资料,采用近 10 年最枯月平均流量法分析坝址最小生态环境流量为 625 m³/s,采用长系列年最枯月平均流量的 Q_{90} 法计算分析的坝址最小生态环境流量为 660 m³/s。综合两种计算方法的成果,采用最小生态环境流量 660 m³/s。

9. 通航流量

黔江航道保证率为98%的天然流量为654 m³/s,最小生态环境流量为660 m³/s。设计阶段以700 m³/s作为下游最小通航流量。该流量大于航运保证率的天然流量和最小生态环境流量,本书仍以最小通航流量700 m³/s作为发电基流来保证枢纽下游航运和生态环境流量需求,相应水电站基荷出力约150 MW。

10. 入库径流

大藤峡水利枢纽径流调节计算入库径流需考虑上游梯级的调蓄影响。红水河综合利用规划中水电梯级布置为天生桥一级、天生桥二级、平班、龙滩、岩滩、大化、百龙滩、乐滩、桥巩、大藤峡10级。天生桥一级水电站为多年调节;龙滩水电站近期正常蓄水位375 m时为年调节,远期正常蓄水位400 m时为多年调节;天生桥二级、平班、岩滩、大化、百龙滩、乐滩、桥巩、大藤峡等水电站为日调节电站。北盘江光照水电站已经投产运行,该电站具有多年调节能力。因此,大藤峡水库的入库径流考虑天生桥一级、光照、龙滩共三座水库的调节作用。

根据上游梯级的运行调度方式进行径流调节计算得到出库流量,加上区间流量作为大藤峡入库流量(见图5-5)。

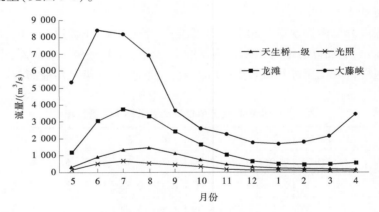

图5-5 有关工程入库流量月过程线

5.1.4.3 计算结果

根据上述运行规则,对大藤峡水电站进行了共50年(1959—2008年)径流调节计算,得出大藤峡水库多年运行特性。

1. 出力特性

大藤峡水电站多年平均出力为691 MW,保证出力为366.9 MW,相应保证率为95.0%。汛期6—8月多年平均出力为763 MW,汛期5月、9月多年平均出力为847 MW,非汛期10月至翌年4月多年平均出力为614 MW。出力保证率曲线见图5-6。

2. 发电量特性及装机利用小时情况

大藤峡水电站多年平均发电量60.55亿kW·h,年利用小时数为3 784 h,其中汛期6—8月发电量16.85亿kW·h,占全年平均发电量的27.8%;汛期5月、9月发电量12.40亿kW·h,占全年平均发电量的20.5%;非汛期10月至翌年4月发电量31.30亿

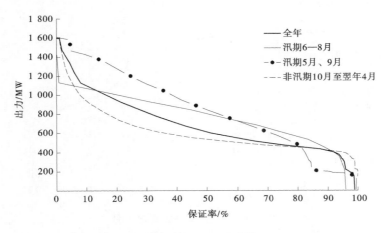

图 5-6　出力保证率曲线

kW·h,占全年平均发电量的 51.7%。逐年发电量过程见图 5-7。

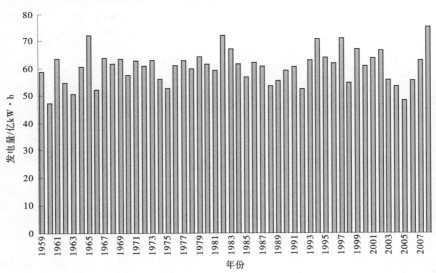

图 5-7　逐年发电量过程

3. 水库水头特性

大藤峡水电站多年算术平均水头 29.10 m,加权平均水头 25.20 m;汛期 6—8 月算术平均水头 17.06 m,约为多年算术平均水头的 58.6%;汛期 5 月、9 月算术平均水头 29.14 m,约等于多年算术平均水头;非汛期 10 月至翌年 4 月算术平均水头 34.31 m,是多年算术平均水头的 1.18 倍。电站额定水头 25.0 m,相应保证率为 69.6%,是多年算术平均水头的 85.9%。水头保证率曲线见图 5-8。

4. 弃水量及水量利用系数

大藤峡水电站在 50 年长系列计算中,平均每年有 46.3 d 出现弃水,平均年弃水量为 250 亿 m³,多年平均水量利用系数为 78.5%,发电流量保证率曲线见图 5-9。

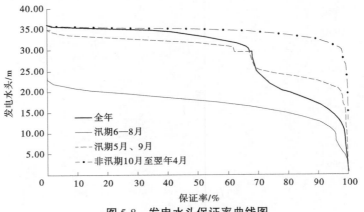

图 5-8　发电水头保证率曲线图

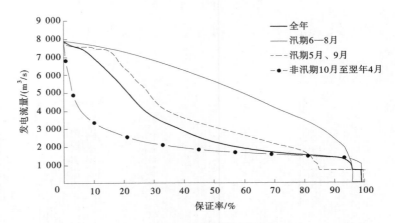

图 5-9　发电流量保证率曲线图

5.1.5　存在问题

根据发电调度规则,汛期 6—8 月大藤峡水库水位按 47.6 m 运行,这一要求虽然满足了防洪任务并减少了库区淹没,但与航运、灌溉任务有一定冲突。

5.1.5.1　正常淹没与防洪、发电的矛盾

大藤峡水库淹没大,对于广西壮族自治区这样一个移民大省来说,要妥善解决移民问题难度较大,因此水库淹没大成为制约本工程的主要因素。根据防洪及水库淹没处理专题的研究,淹没区主要分布在三里镇、武宣县城、桐岭镇、石龙镇、江口镇、里壅镇、高要镇及干流河谷地带。该范围是广西的主要粮食及经济作物区,因此合理确定水库的淹没影响范围,是决定大藤峡枢纽工程规模的关键因素。该区地面高程一般为 64.00~83.00 m,由不同库水位回水与淹没关系分析成果可知,为有效减少正常淹没,需将 5 年一遇和 20 年一遇洪水的坝前水位控制在 47.6 m 以下。

为了满足大藤峡水库的防洪任务,汛期 6—8 月需设置 15 亿 m³ 防洪库容,为避免防洪超蓄运用,需将防洪库容设置在正常蓄水位以下,也要求汛期限制水位不高于 47.6 m。

但如果汛期6—8月水库水位固定控制在47.6 m运行,工程效益难以全部发挥。

5.1.5.2 航运及灌溉与防洪的矛盾

汛期6—8月,大藤峡水库承担下游防洪任务,如按通常完全预留防洪库容的方式,则6—8月水库按47.6 m运行,预留出防洪库容,但这3个月出现来水偏枯时,2 000 t级以上船舶到来宾、柳州尚有54.2 km河段需整治,柳江有81.2 km河段需整治;如按53.6 m水位运行,则2 000 t级以上船舶到来宾、柳州,红水河只有局部河段需整治,柳江有19 km河段需整治,当坝前水位达57.6 m时柳江红花以下河段亦可全线通航。若按3 000 t级船舶通航则通航问题更大。

经上游龙滩等水库群调节后,汛期6—8月保证率98%武宣站流量为2 100 m³/s,若水库按固定水位47.6 m运行,红水河、柳江航运不能完全衔接,库区需要提水灌溉的54万亩农田的提水扬程增加约5 m,下游需大藤峡水库补水自流灌溉21万亩的面积将受影响。

综上所述,若水库汛期6—8月维持在47.6 m运行,要满足通航2 000 t级船舶的航运要求,需要航道整治的工程量大,汛期来水偏枯时,需要减载通航;同时,还将减少自流灌溉面积,提高库区农田灌溉的提水扬程,加大灌溉成本。从满足2 000 t级船舶到红水河来宾、柳江柳州以及坝下自流灌区取水要求考虑,汛期6—8月来水偏枯时抬高水位至53.6~57.6 m运行比较合适。

5.2 预报预泄发电调度方案研究

设计阶段从防洪安全和减少淹没角度考虑,采用了不考虑预报的发电调度方案,其中汛期6—8月按固定水位47.6 m运行,汛期5月、9月最高发电运行水位为59.6 m。但这一调度规则增大了航道整治工程量,提高了灌溉成本,并影响工程效益的发挥。本节采用预报预泄法对汛期水位进行动态控制,以优化大藤峡水利枢纽发电调度方案,从而协调防洪与航运、灌溉及发电等任务间的矛盾。对于非汛期10月至翌年4月,由于受库区淹没控制线限制,本章仍维持原设计阶段采用的调度规则。

5.2.1 约束条件分析

5.2.1.1 防洪要求

西江下游的梧州水文站,控制西江流域面积的92.6%,设站时间早(具有1900年至今的水位资料和1941年至今的流量资料),控制条件好,与西江干流最下游的高要水文站(控制西江流域面积的99.5%)相距较近,洪水过程基本一致(洪峰均值相差不到100 m³/s),是国家确定的西江重点防洪控制水文站。因此,采用梧州站作为西江和西北江三角洲的防洪控制断面。

按照流域防洪确定的规划目标,西北江三角洲重点保护对象的防洪标准为(100~200)年一遇设计洪水,堤防建设标准为50年一遇设计洪水。因此,西江下游防洪控制断面梧州站的安全泄量确定为50年一遇,相应洪峰流量为50 400 m³/s。

大藤峡水利枢纽防洪调度主要在6—8月。汛期5月、9月梧州站洪水量级较小,5

月、9月天然情况和龙滩水库调节后的 100 年一遇洪水洪峰流量及历年实测最大洪水均小于梧州规划安全泄量(防洪标准 50 年一遇)及现状实际安全泄量(防洪标准 30 年一遇),现有防洪工程体系已经可以承担起防洪任务,梧州以下沿江两岸防洪安全均可以满足。因此,汛期 5 月、9 月一般不需要大藤峡水库承担流域防洪任务。汛期 6—8 月大藤峡水库与龙滩水库联合运行共同承担下游防洪任务,需要在正常蓄水位之下预留 15 亿 m³ 防洪库容。

大藤峡水库汛期 6—8 月需要承担下游防洪任务,虽然 8—9 月的后汛期量级要比 6—7 月略小,但考虑到曾发生了 1988 年 8 月底的红水河、柳江大洪水,为了避免可能存在的风险,从流域防洪安全角度考虑,水库汛期 6—8 月按固定水位 47.6 m 运行。另外,为减少水库淹没,当水库来水量大于 20 000 m³/s 时,电站停止发电,水库水位进一步降低至 44.0 m。此后,水库来多少泄多少,随着流量的不断加大,水库水位按泄流能力自然壅高(44.0 m 时水库泄洪能力为 33 011 m³/s,大于 5 年一遇洪峰流量 26 700 m³/s 和淹没控制相应流量 30 600 m³/s),直至需要大藤峡水库拦蓄洪水时,才按防洪调度规则进行拦洪削峰的防洪调度。汛期 5 月、9 月为确保防洪安全,水库最高运行水位按 59.6 m 控制,若遇库区发生较大洪水应将水位降至防洪起调水位 47.6 m,以便为应对超标准洪水及时腾出全部防洪库容。

大藤峡水利枢纽下游浔江沿岸的堤防防洪标准为 10 年一遇,对应梧州站洪峰流量为 44 900 m³/s(全归槽流量),将发电调度预泄腾空过程中下泄的流量过程演进到梧州站,与梧州—武宣区间天然流量过程(将武宣站天然流量过程演进至梧州,与梧州站的天然过程相减求得梧州—武宣区间的天然过程)叠加,叠加后的梧州过程与梧州站的天然过程比较,判断水库预泄腾空过程是否增加下游的防洪压力。若叠加以后明显增加梧州站洪峰流量,则要修正发电调度规则,直至产生的影响在可接受范围内。

5.2.1.2　库区淹没要求

大藤峡水利枢纽库区淹没影响范围为广西贵港市的桂平市、来宾市的武宣县、兴宾区、象州县,柳州市的柳州县、鹿寨县等 6 个市(县、区)。淹没区主要分布在三里镇、武宣县城、桐岭镇、石龙镇、江口镇、里壅镇、高要镇及干流河谷地带。

在确保防洪要求的 15 亿 m³ 库容、相应汛期限制水位 47.6 m 的前提下,根据库区河道特性及回水计算成果分析,坝前控制水位为 44.0 m,可有效减少水库淹没耕地范围。当水库来水量超过 20 000 m³/s 时,电站停机,此时为减少水库淹没,水库水位可进一步降低至 44.0 m。库区淹没控制线见表 5-13。

表 5-13　库区淹没控制线

坝前水位/m	61.0	59.6	57.6	54.6	53.6	47.6	44.0
流量/(m³/s)	4 500	6 000	8 000	11 000	14 000	20 000	30 600

5.2.1.3　通航要求

1.通航基流

根据交通部珠江航务管理局及广西航运部门等的要求,大藤峡水利枢纽坝址航运基流 700 m³/s,近期将梧州断面航运基流提高至 1 600 m³/s(原长洲枢纽设计为

1 090 m³/s)、北江飞来峡水利枢纽的航运基流提高至 200 m³/s(原设计为 190 m³/s),加上区间汇流,则思贤滘断面近期的航运流量不小于 2 000 m³/s。

2. 水位变幅要求

对于航运安全的水位时变幅范围,国内外不少电站都做过模型试验,如长江三峡和葛洲坝电站曾进行过日调节不稳定流模型试验和船模试验,试验结果表明在断面的最大流速不超过 3 m/s、水位时变幅不超过 1 m/h 条件下航模能正常返航;我国在西津电站也进行过电站调峰运行情况下的船队运行现场试验,表明最大时变幅 1 m/h 左右,船队上、下行是能够适应的。

中水珠江规划勘测设计有限公司在进行北江飞来峡水利枢纽设计时,采用时涨幅 1.5 m/h、时降幅 1.0 m/h 进行设计,电站建成后经过 15 年的调度运用,结果表明时变幅在 1 m/h 左右时不产生碍航。另外,中水珠江规划勘测设计有限公司在广东省北江的蒙里、白石窑,广西柳江的红花等工程设计中均按时变幅 1 m/h 进行控制,均得到航运部门的认可。

根据对红水河、黔江、柳江、西江上迁江站、武宣站、柳州站及梧州站天然通航期(统计时段内的洪峰流量小于 5 年一遇洪峰流量)时变幅的统计分析,红水河迁江站—黔江大藤峡河段在 2 年一遇洪峰流量以下曾出现过水位时变幅接近或大于 1.0 m/h(如迁江站 1998 年 5 月 10 日出现水位时变幅 1.02 m/h,武宣站 1994 年 7 月 30 日出现水位时变幅 0.72 m/h)。

根据以上已建工程的设计以及实际运行经验,从航运安全角度考虑,水位时变幅不超过 1 m/h。

3. 上游通航要求

上游的库区,一般发电调度对上游通航影响不大,但需避免上游水库降低过多而影响梯级通航水位的衔接。

5.2.1.4　水资源配置要求

思贤滘以下的珠江三角洲因处于珠江入海口,经常遭受咸潮危害。受潮汐和径流的影响,珠江三角洲的咸潮一般出现在 10 月至翌年 4 月。由于天文潮汐作用相对稳定,咸潮活动及其影响程度主要受上游径流变化的控制。根据 1998 年以来枯水期大潮期间的资料分析,要保证大潮期间珠江三角洲主要供水水厂取水基本不受咸潮影响,思贤滘(马口+三水)流量应不小于 4 500 m³/s。又据近年来沙湾水道、小榄水道、磨刀门水道的实测逐日数据统计分析,当思贤滘流量大于或等于 2 500 m³/s 时,小榄水道大丰水厂完全不受咸潮影响,沙湾水道沙湾水厂、磨刀门水道全禄水厂只有极个别时段受咸潮影响,但超标时间只有 2~3 h,供水基本不受影响;珠海的平岗、黄扬、南门主要取水口均有一定的取水时间,通过抢淡蓄淡,配合当地水库的调蓄作用,可基本满足供水的要求。

枯水期水量调度压制咸潮的根本目的是保障供水,因此流域水量调度必须结合供水水源系统的特点进行。第一类是珠海、澳门,有一定的蓄淡调咸能力,只要通过压咸提高取水口的取淡概率(60%),就可保证正常供水;如将压咸目标定位为取水口完全不受咸潮影响,既没必要,又不经济合理。第二类是广州南部沙湾水厂、中山大丰水厂等,当地蓄淡调咸能力仅仅是通过水厂的调节池实现的,如日超标时间超过 4 h,将影响正常供水,这类水厂的供水受咸潮影响主要是天文大潮附近几天。综合考虑这两类供水系统的特点，流域规划确定思贤滘处的压咸流量为 2 500 m³/s。从 2005 年以来珠江流域已实施的 9 年(10 次)流域压咸补淡应急调水的压咸效果来看，大潮转小潮期思贤滘流量达到 2 500 m³/s 左右时，可满足澳门、珠海、中山、广州的供水要求，水环境容量亦相应得到极大改善。据此，取思贤滘压咸流量为 2 500 m³/s，相应梧州、石角等主要控制站点的下泄流量分别为 2 100 m³/s、250 m³/s。此结论与《保障澳门、珠海供水安全专项规划报告》(2008 年经国务院同意，水利部与国家发改委联合印发)是一致的。

5.2.1.5　生态要求

1. 坝址生态流量

黔江主坝下泄生态流量不低于 700 m³/s，必要时加大泄放流量，确保下游生态、压咸、航运、生产、生活等用水需求。

2. 生态敏感期流量要求

红水河、黔江、浔江、西江干流分布了一批鱼类产卵场，4—7 月是鱼类产卵的生态敏感期，对流水条件具有一定要求。根据大藤峡水利枢纽工程项目环境影响评价报告书的要求：每年 4—7 月，当入库流量大于 3 000 m³/s 时，除满足防洪与控制淹没或生态调度要求外，电站不承担调峰任务，水库按来水下泄，不改变天然来水过程；4 月水库最高运行水位不超过 59.6 m；在鱼类产卵期流域无明显洪水时，进行水库生态过程调度，以创造满足鱼类产卵的生态需水过程。

5.2.1.6　约束条件

将上述防洪、淹没、通航、水资源配置和生态等方面的要求，作为对坝前水位、出库流量和下游水位变幅的约束条件。

1. 坝前水位约束

在进入防洪调度前需将库水位降低至 47.6 m，以保证发电调度与防洪调度顺利衔接。

$$Z_{qt} \leq 47.6 \qquad (5-2)$$

式中：Z_{qt} 为进入防洪调度前坝前水位。

各级流量对应水位应不超过库区淹没线要求的坝前水位。

$$Z_t \leq Z_{max}(Q_t) \qquad (5-3)$$

式中：Z_t 为第 t 时段坝前水位；$Z_{max}(Q_t)$ 为第 t 时段入库流量对应的淹没控制坝前水位。

2. 出库流量约束

最小出库流量需满足生态、通航等要求，最大出库流量受下游防洪安全、泄流能力等限制。

$$q_{min,t} \leq q_t \leq q_{max,t} \qquad (5-4)$$

式中：q_t 为第 t 时段出库流量；$q_{min,t}$ 为第 t 时段允许最小出库流量；$q_{max,t}$ 为第 t 时段允许最大出库流量。

3. 下游水位变幅约束

为了保障下游航运安全，下游水位变幅不能太大，按时变幅 1 m/h 控制。

$$(Z_{d,t} - Z_{d,t-1})/\Delta t \leq 1 \qquad (5-5)$$

式中: $Z_{d,t}$、$Z_{d,t-1}$ 分别为第 t 时段和第 $t-1$ 时段坝下水位。

5.2.2　预报预泄调度可行性分析

5.2.2.1　径流特性的统计分析

根据武宣站(1959—2009 年)汛期逐日平均流量资料统计,平均每年最大连续小于 7 000 m³/s 的天数有 42 d(装机 160 万 kW 的额定流量为 7 130 m³/s),最长连续小于 7 000 m³/s 的天数有 84 d(1972 年)。

根据 1959—2009 年共 50 年龙滩水库建成后大藤峡水利枢纽坝址日平均流量频率计算成果(见图 5-10 ~ 图 5-13),汛期 6—8 月日平均流量小于或等于 7 130 m³/s 的占 58.9%,汛期 5 月、9 月日平均流量小于或等于 7 130 m³/s 的占 86.0%,非汛期 10 月至翌年 4 月日平均流量小于或等于 7 130 m³/s 的占 99.1%。为此在汛期小流量时抬高正常蓄水位运行将有显著的经济效益。

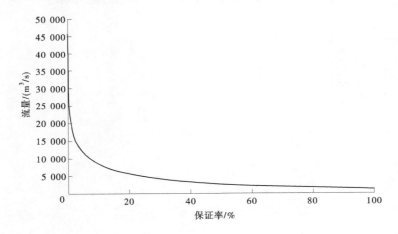

图 5-10　大藤峡水库全年日平均流量保证率曲线

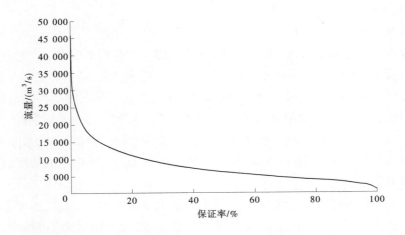

图 5-11　大藤峡水库汛期 6—8 月日平均流量保证率曲线

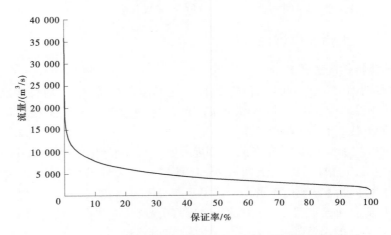

图 5-12 大藤峡水库汛期 5 月、9 月日平均流量保证率曲线

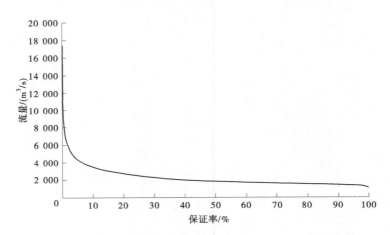

图 5-13 大藤峡水库非汛期 10 月至翌年 4 月日平均流量保证率曲线

5.2.2.2 有关特征水位分析

1. 汛期限制水位

为使水库从发电调度过渡到防洪调度,水库在腾空库容准备防御洪水过程中,需同时满足下游航运变幅的要求。若初始水位过高,而洪水涨率较大,则可能出现在规定时间内无法将水位降至防洪起调水位 47.6 m,或者预泄量过大而影响下游防洪安全和航运要求等情形。因此,为了满足下游防洪安全和航运的要求,预留 5.0 亿 m³ 防洪库容,汛期限制水位为 57.6 m;当预报流量大于 4 000 m³/s 时,发电调度服从防洪调度,水库水位逐步从 57.6 m 降低至防洪起调水位 47.6 m,相应防洪库容 15 亿 m³,水库进入防洪调度。

2. 水库最低水位

汛期 6—8 月,为减少库区淹没,当水库来水量大于 20 000 m³/s、电站停止发电时,水库水位进一步降低至 44.0 m,此后,水库来多少泄多少,随着流量的不断加大,水库泄量按泄流能力自然壅高,直至达到防洪起调水位 47.6 m,水库进入防洪调度。因此,汛期

6—8 月水库最低水位为 44.0 m。

汛期 5 月和 9 月水库虽不承担下游防洪任务,但最大日平均流量为 35 759 m³/s(相应保证率为 0.033%),为了减少库区淹没,水库最低水位取 44.0 m。

非汛期 10 月至翌年 4 月最大日平均流量为 17 282 m³/s(相应保证率为 0.009%),日平均流量 11 000 m³/s 相应保证率为 0.207%,发生的概率极小。根据淹没控制线要求,入库流量 11 000 m³/s 对应的坝前最高水位为 54.6 m,则非汛期 10 月至翌年 4 月水库最低水位取 54.6 m。

3. 发电最高运行水位

汛期 6—8 月,发电最高运行水位取汛期限制水位,最高为 57.6 m。

汛期 5 月、9 月水库来水依然较大,为了不增加水库淹没并满足下游防洪要求,同时尽量提高发电效益,水库采用动态调度运行方式。根据最不利的 1978 年型分析计算,汛期 5 月、9 月发电最高运行水位取 59.6 m。

非汛期 10 月至翌年 3 月发电最高运行水位取正常蓄水位,为 61.0 m。

非汛期 4 月发电最高运行水位根据鱼类产卵的生态敏感期要求,取 59.6 m。

4. 水位合规性分析

《中华人民共和国防洪法》(简称《防洪法》)第四十四条规定:"在汛期,水库、闸坝和其他水工程设施的运用,必须服从有关的防汛指挥机构的调度指挥和监督。在汛期,水库不得擅自在汛期限制水位以上蓄水,其汛期限制水位以上的防洪库容的运用,必须服从防汛指挥机构的调度指挥和监督。"大藤峡汛期 6—8 月设置了汛期限制水位,如果水库采取动态调度运行方式,当水库进入防洪调度前,水库水位已经降至防洪起调水位,并留有足够的衔接时间,发电运用未动用防洪库容,是合法的。在汛期 5 月、9 月大藤峡水库不承担防洪任务,降低水位运行是为了在发生较大入库洪水时减少水库淹没损失,不涉及下游防洪,由于发电运用方案不增加下游防洪压力,因此是符合《防洪法》要求的。

5.2.2.3 洪水上涨历时分析和水情预报可提供 2 d 以上的腾空库容时间

根据武宣站 1936—2005 年发生的超过 3 年一遇以上标准的年最大洪水过程统计,超过 3 年一遇以上标准的洪水中,武宣站实测流量从 5 000 m³/s 上涨至 22 400 m³/s 的过程中,由于该流量段不到多年平均洪峰流量 26 900 m³/s,因此涨幅缓慢,涨水时间相差较大,平均涨水时间 7 d 左右,其中 1978 年洪水涨水时间最短,流量从 5 000 m³/s 涨至 22 400 m³/s 整个过程历时 21 h;而 2005 年洪水,流量从 5 740 m³/s 上涨至 28 000 m³/s 整个过程历时 359.7 h(约 15 d)。

考虑水情预报可提供不小于 24 h 的入库流量的预见期,如考虑预报预泄腾空库容,一般可有 8 d 时间,最恶劣情况也有 2 d 以上的时间,对于汛期 6—8 月洪水水位从 57.6 m 降至 47.6 m,需要腾空库容约 10.65 亿 m³,一般情况下平均加大泄量 1 540 m³/s,最恶劣情况下平均加大泄量 6 160 m³/s,若能及时腾空库容,则与防洪运行调度的衔接是可以实现的。

5.2.2.4 预报预泄调度可行性分析

由径流特性的统计分析成果可知,在汛期小流量时抬高坝前水位运行将有显著的经济效益。在满足《防洪法》要求的前提下,利用日趋完善的水情预报方案,水库采取动态调度运行方式,在进入防洪调度前将水库水位降至防洪起调水位,并留有足够的衔接时间,与防洪运行调度的衔接是可以实现的。此外,采用预报预泄发电运行调度方式的北江飞来峡水利枢纽运行状况一直良好,这证实了预报预泄发电运行调度方式是可行的。

综合已建工程的成功经验及大藤峡枢纽自身所具备的条件,采用预报预泄调度方案是可行的。

5.2.3　预报预泄方案调度规则

根据黔江以上洪水的涨落特性和干支流洪水传播时间分析及初设阶段确定的库区淹没控制线,考虑预报 24 h 流量拟定水库发电调度规则,在水库腾空过程中为不超过库区淹没控制线,并留有一定的余地,以避免预报误差可能带来的风险,同时为减轻汛期腾空库容的压力,汛期 6—8 月设置发电最高运行水位(亦为汛期限制水位)57.6 m,汛期 5 月、9 月设置发电最高运行水位 59.6 m;为了进一步降低淹没,汛期 6—8 月水位最低可降至 44.0 m,由此拟定发电调度规则(见表 5-14)。在洪水退水过程中,为尽早回蓄提高电站的发电效益,水库需进行发电回蓄调度。但根据入库的洪水特性,汛末仍可能出现较大的洪水,为不增加正常淹没,回蓄调度仍采用腾空过程中的控制水位。

表 5-14　大藤峡水库汛期预报预泄发电运行调度方案

汛期(6—8 月)		汛期(5 月、9 月)	
24 h 预报后流量 $Q_{预}/(\text{m}^3/\text{s})$	要求达到水库水位 $Z_{库}/\text{m}$	24 h 预报后流量 $Q_{预}/(\text{m}^3/\text{s})$	要求达到水库水位 $Z_{库}/\text{m}$
$Q_{预} \leqslant 4\,000$	57.6	$Q_{预} \leqslant 4\,000$	59.6
$4\,000 < Q_{预} \leqslant 6\,000$	55.6	$4\,000 < Q_{预} \leqslant 5\,000$	57.6
$6\,000 < Q_{预} \leqslant 8\,000$	53.6	$5\,000 < Q_{预} \leqslant 7\,000$	55.6
$8\,000 < Q_{预} \leqslant 10\,000$	51.6	$7\,000 < Q_{预} \leqslant 9\,000$	53.6
$10\,000 < Q_{预} \leqslant 14\,000$	49.6	$9\,000 < Q_{预} \leqslant 11\,000$	51.6
$14\,000 < Q_{预} \leqslant 16\,000$	47.6	$11\,000 < Q_{预} \leqslant 15\,000$	49.6
$16\,000 < Q_{预} \leqslant 18\,000$	45.6	$15\,000 < Q_{预} \leqslant 17\,000$	47.6
$Q_{预} > 18\,000$	44	$17\,000 < Q_{预} \leqslant 19\,000$	45.6
		$Q_{预} > 19\,000$	44

注:腾空过程中下泄流量时变幅按 1 000 m³/s 控制。

非汛期大藤峡水库的主要任务是水资源配置与发电、灌溉、航运等,非汛期发电调度服从水资源配置调度。因此,非汛期 10 月至翌年 4 月采用原设计阶段发电调度规则。

5.2.4　不同时期水库运行调度衔接

由于各分期之间发电最高水位不同,为避免上月末与下月初之间水位变幅过大造成弃水或者蓄水过慢,应设置分期水位过渡方案。

5.2.4.1　蓄水过程

由于 8 月底、9 月底发生较大洪水的可能性比较低,最理想的状态是在最后一场洪水的退水过程把水库蓄到预定水位,但洪水涨落的起始时间很难掌握,若规定必须在上月末严格控制水位不允许蓄水,而又遭遇年内最后一场洪水时水库未能蓄水,则下月初很难蓄到指定水位。总体上 8 月底至 9 月初、9 月底至 10 月初水位上升不会对防洪形成压力,可以安排在上月末最后 5 d 以及下月最初 5 d 共 10 d 之内完成蓄水,蓄水过程快慢可根据具体情况制订,但必须严格执行防洪调度命令,不能影响下游防洪效果。例如发生"88·9"等跨期大洪水,8 月末根据汛期 6—8 月发电调度规则和防洪调度规则进行调度,各方案 8 月 24—27 日已先后空库迎洪,如防洪调度拦蓄洪水,洪水过后,按防洪调度腾空防洪库容,再按发电调度运行,利用退水段回蓄至 59.6 m;如未拦蓄洪水,洪水退后,自然转入 9 月调度方式的回蓄过程。

5.2.4.2　泄水过程

根据环评要求,红水河来宾段珍惜鱼类保护区 4—9 月是鱼类繁殖高峰期,要求 4 月水库最高水位不能高于 59.6 m,而 3 月最高发电运行水位为 61.0 m,从 61.0 m 降至 59.6 m 要腾空库容 2.39 亿 m³,1 d 之内降下来需增泄流量不到 2 800 m³/s,一般情况下 4 月大藤峡水库入库流量不大,且降水速度不需按洪水要求迫切,可在 4 月初考虑逐步降低水位。4 月、5 月水库最高水位同为 59.6 m,已经衔接。

5 月底库水位要求从 59.6 m 降至 57.6 m,腾空库容 3.03 亿 m³。考虑次汛期 50% 保证率流量为 3 700 m³/s,满发流量为 7 130 m³/s,为了不弃水,增泄流量应不超过 3 430 m³/s,需提前 1.02 d 逐步加大泄水。腾空库容较小,只需 1 d 多时间即可完成,可在 5 月 30 日开始加大泄水。

在实际操作运行中,降得太早会损失发电水头,降得太晚有可能会弃水,还有可能遭遇洪水,可考虑水情预报灵活掌握安排水库蓄泄量。

5.2.5　方案调度计算

5.2.5.1　计算方法

根据拟定的发电调度规则,采用受上游梯级调蓄影响的 1959—2009 年共 50 年的逐日径流系列进行径流调节计算,计算方法详见 5.1.4.1 计算方法。

5.2.5.2　基础资料

入库径流过程、库容曲线、坝下水位流量关系、机组出力限制线以及生态、航运、灌溉用水需求等基础资料,与不考虑预报的发电调度研究采用资料一致,详见 5.1.4.2 基础资料。

5.2.5.3　计算结果

采用预报预泄发电调度方案,大藤峡水利枢纽多年运行特性如下。

1. 出力特性

大藤峡水电站多年平均出力 754 MW,保证出力 378.9 MW,相应保证率 95.0%。汛期 6—8 月多年平均出力 974 MW,汛期 5 月、9 月多年平均出力 910 MW,非汛期 10 月至翌年 4 月多年平均出力 614 MW。出力保证率曲线见图 5-14。

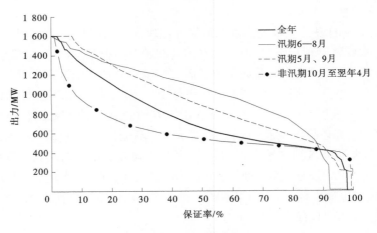

图 5-14　出力保证率曲线

2. 发电量特性及装机利用小时情况

大藤峡水电站多年平均发电量 66.12 亿 kW·h,年利用小时数为 4 132 h,其中汛期 6—8 月发电量 21.50 亿 kW·h,占全年平均发电量的 32.5%;汛期 5 月、9 月发电量 13.32 亿 kW·h,占全年平均发电量的 20.1%;非汛期 10 月至翌年 4 月发电量 31.30 亿 kW·h,占全年平均发电量的 47.3%。逐年发电量过程见图 5-15。

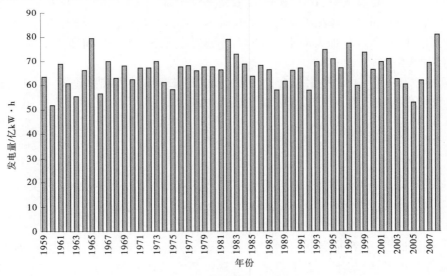

图 5-15　逐年发电量过程

3. 水库水头特性

大藤峡水电站多年算术平均水头 30.58 m,加权平均水头 26.40 m;汛期 6—8 月算术平均水头 22.83 m,约为多年算术平均水头的 74.7%;汛期 5 月、9 月算术平均水头 29.25 m,略低于多年算术平均水头;非汛期 10 月至翌年 4 月算术平均水头 34.31 m,是多年算术平均水头的 1.12 倍。电站额定水头 25.0 m,相应保证率为 83.6%,是多年算术平均水头的 81.8%。水头保证率曲线见图 5-16。

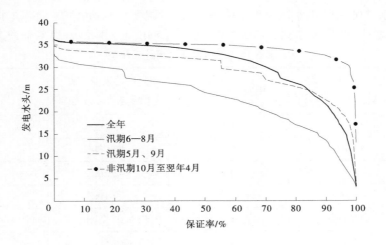

图 5-16　发电水头保证率曲线

4. 弃水量及水量利用系数

大藤峡水电站在 50 年长系列计算中,平均每年有 52.1 d 出现弃水,平均年弃水量为 256 亿 m^3,多年平均水量利用系数为 0.78,发电流量保证率曲线见图 5-17。

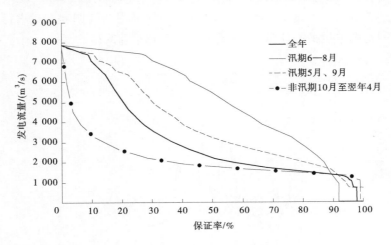

图 5-17　发电流量保证率曲线

5.2.6　发电优化调度效果分析

结合防洪调度选取若干场洪水过程,分别采用不考虑预报的发电调度方案和预报预泄调度方案进行水库调度计算,对比大藤峡水利枢纽其他任务及有关约束条件在两种调度方案下的满足情况,从而对发电优化调度效果进行分析和评价。

5.2.6.1　典型洪水选择

根据"峰高、量大、偏不利"的原则,选取"68·6"洪水、"94·6"洪水、"98·6"洪水、

"88·9"洪水、"05·6"洪水以及洪水涨率最快、对调度最不利的"78·5"洪水共6场洪水进行水库调度计算(见表5-15)。1947年、1949年型由于入库站资料不全未选用。

表5-15　发电调度运用选用年型

年型	武宣站汛期最大洪峰流量/(m³/s)	相应重现期/年	梧州站汛期最大洪峰流量/(m³/s)	相应重现期/年
1978	30 400	3.9	35 600	3.5
1968	33 700	5.4	38 900	4.7
1988	42 200	18	42 500	7.6
1994	44 400	24	49 100	36
1998	37 600	9.2	52 900(全归槽)	30
2005	39 600	13	53 800(全归槽)	40

出于偏安全考虑,典型洪水调度计算时按10%的预报误差考虑,即认为实际发生流量为预报流量的1.1倍。

5.2.6.2　防洪

1.与防洪任务的衔接

针对上述选取的6个典型年型实测全汛期洪水,采用两种调度方式进行大藤峡水库腾空库容和回蓄的水量平衡计算,计算成果见图5-18~图5-23。

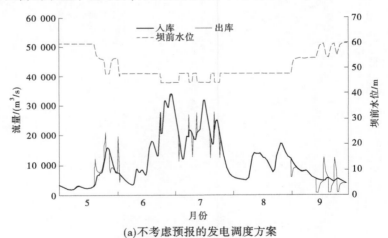

(a)不考虑预报的发电调度方案

图5-18　预报预泄方案发电调度过程线(1968年5月1日至9月30日)

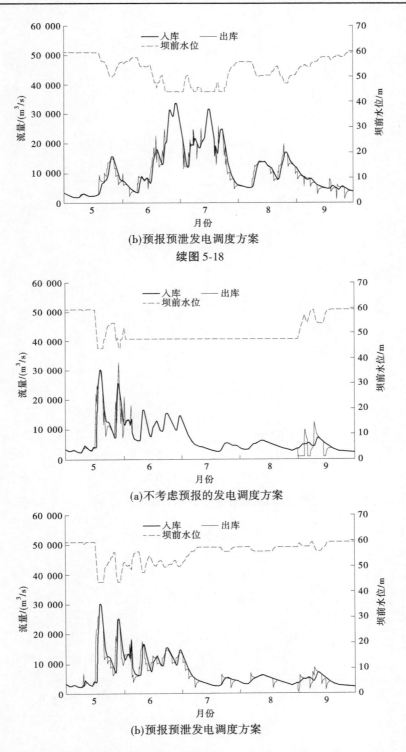

(b)预报预泄发电调度方案

续图 5-18

(a)不考虑预报的发电调度方案

(b)预报预泄发电调度方案

图 5-19　预报预泄方案发电调度过程线(1978 年 5 月 1 日至 9 月 30 日)

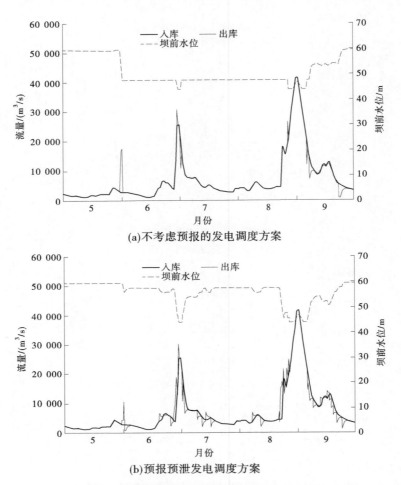

(a)不考虑预报的发电调度方案

(b)预报预泄发电调度方案

图 5-20　预报预泄方案发电调度过程线(1988 年 5 月 1 日至 9 月 30 日)

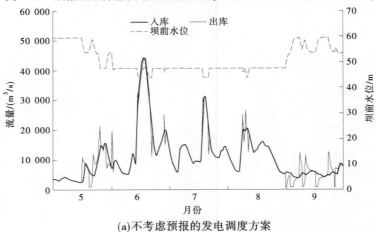

(a)不考虑预报的发电调度方案

图 5-21　预报预泄方案发电调度过程线(1994 年 5 月 1 日至 9 月 30 日)

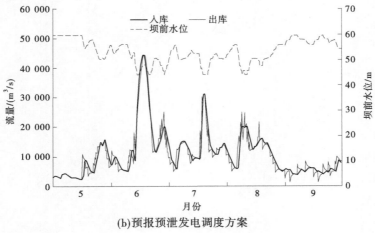

(b)预报预泄发电调度方案

续图 5-21

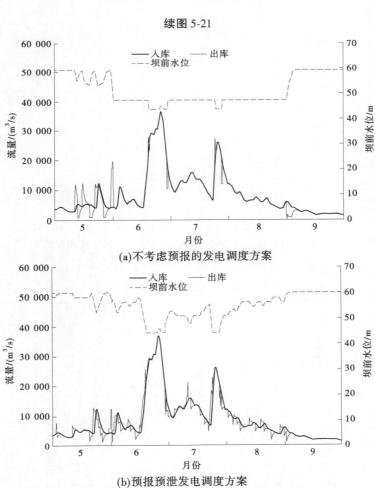

(a)不考虑预报的发电调度方案

(b)预报预泄发电调度方案

图 5-22　预报预泄方案发电调度过程线(1998 年 5 月 1 日至 9 月 30 日)

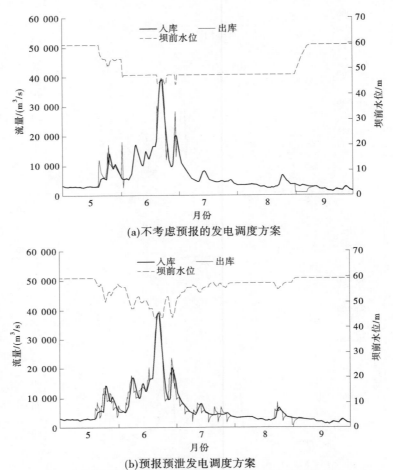

(a)不考虑预报的发电调度方案

(b)预报预泄发电调度方案

图 5-23　预报预泄方案发电调度过程线(2005 年 5 月 1 日至 9 月 30 日)

各场洪水防洪调度前,水库入库流量和水位情况汇总见表 5-16。

表 5-16　各年型洪水防洪调度前入库流量、水位情况汇总

典型洪水	"68·6"洪水	"78·5"洪水	"88·9"洪水	"94·6"洪水	"98·6"洪水	"05·6"洪水
水库水位 47.6 m 时当前入库流量/(m³/s)	17 200	16 100	12 910	10 200	17 000	16 200
入库流量大于 22 400 m³/s 时当前水库水位/m	44.0	44.0	44.0	44.0	44.0	44.0

　　不考虑预报的发电调度方案由于汛期 6—8 月最高发电运行水位为 47.6 m,等于防洪起调水位,因此能保证发电调度顺利转为防洪调度。而考虑预报预泄的发电调度方案最高发电运行水位为 57.6 m,高于防洪起调水位 47.6 m。经计算,调度 6 场典型年型洪水过程中均能在防洪调度前将水库水位降至 47.6 m 时,当流量大于 22 400 m³/s 时水库

水位均为 44.0 m,能保证降到防洪起调水位 47.6 m 以下,水库从发电调度进入防洪调度。

因此,不考虑预报的发电调度方案和预报预泄发电调度方案均不会影响防洪安全。

2. 对下游防洪的影响

将各年型汛期洪水预泄腾空及回蓄泄量过程演进至梧州站,与武宣—梧州区间天然洪水过程叠加得到大藤峡水库调度运用后的梧州站流量过程。由于发电调度在流量大于 22 400 m³/s 时将库水位降至 47.6 m 后即进入防洪调度,为全面反映发电运行调度对下游防洪的影响,将发电调度与防洪调度结合起来。不同发电调度方式下,大藤峡调度前后对梧州洪峰流量影响见表 5-17,梧州流量过程见图 5-24~图 5-29。

表 5-17　不同发电调度方式对梧州洪峰影响成果汇总

典型洪水	相应重现期/年	天然洪水洪峰/(m³/s)	不考虑预报的发电调度方案		预报预泄发电调度方案	
			洪峰/(m³/s)	差值/(m³/s)	洪峰/(m³/s)	差值/(m³/s)
"68·6"洪水	4.7	38 900	37 000	−1 900	37 000	−1 900
"78·5"洪水	3.5	35 600	38 280	2 680	38 310	2 710
"88·9"洪水	7.6	42 500	42 300	−200	42 300	−200
"94·6"洪水	36	49 100	46 400	−2 700	46 400	−2 700
"98·6"洪水	107	52 900	49 000	−3 900	49 000	−3 900
"05·6"洪水	137	53 800	50 800	−3 000	50 800	−3 000

注:梧州站 10 年一遇设计流量 44 900 m³/s,相应水位 24.52 m。

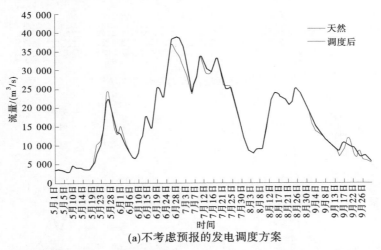

(a)不考虑预报的发电调度方案

图 5-24　梧州站天然与大藤峡调度后洪水过程对比(1968 年 5 月 1 日至 9 月 30 日)

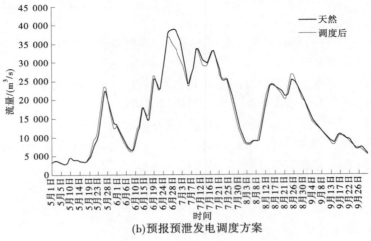

(b)预报预泄发电调度方案

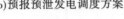

续图 5-24

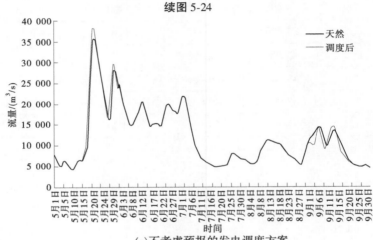

(a)不考虑预报的发电调度方案

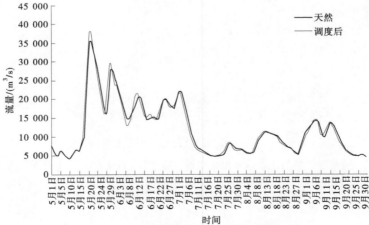

(b)预报预泄发电调度方案

图 5-25 梧州天然与大藤峡调度后洪水过程对比(1978 年 5 月 1 日至 9 月 30 日)

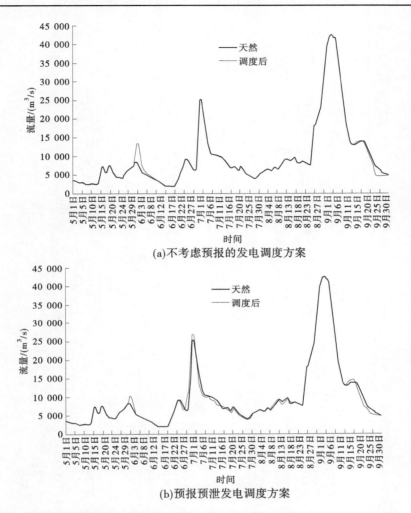

(a)不考虑预报的发电调度方案

(b)预报预泄发电调度方案

图 5-26 梧州天然与大藤峡调度后洪水过程对比(1988 年 5 月 1 日至 9 月 30 日)

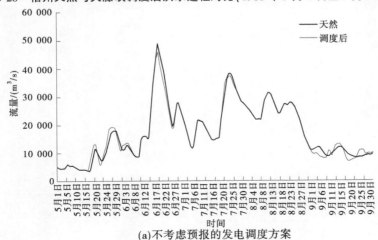

(a)不考虑预报的发电调度方案

图 5-27 梧州天然与大藤峡调度后洪水过程对比(1994 年 5 月 1 日至 9 月 30 日)

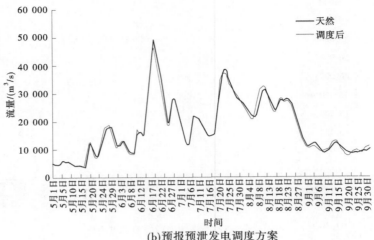

(b)预报预泄发电调度方案

续图 5-27

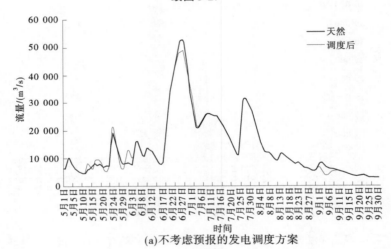

(a)不考虑预报的发电调度方案

(b)预报预泄发电调度方案

图 5-28　梧州天然与大藤峡调度后洪水过程对比(1998 年 5 月 1 日至 9 月 30 日)

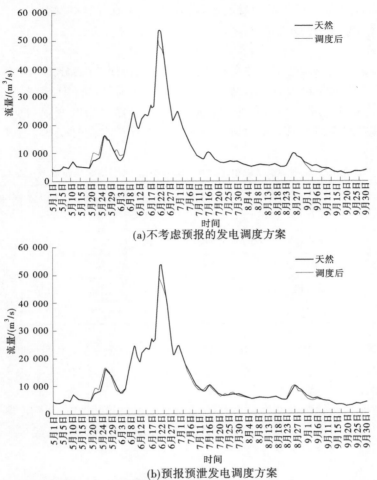

(a)不考虑预报的发电调度方案

(b)预报预泄发电调度方案

图 5-29　梧州天然与大藤峡调度后洪水过程对比(2005 年 5 月 1 日至 9 月 30 日)

当发生较小洪水时(如 1968 年型、1978 年型),梧州站洪峰流量未达到安全泄量而无须大藤峡水库调洪。其中,1978 年型洪水由于涨率较大使得梧州站最大洪峰流量比天然流量增加较多,不考虑预报的发电调度方案增加 2 680 m³/s,预报预泄发电调度方案增加 2 710 m³/s,但两方案调度后梧州站洪峰流量绝对值仅 38 280 m³/s、38 310 m³/s,比梧州站天然 10 年一遇洪峰流量 44 900 m³/s 分别小 6 620 m³/s、6 590 m³/s,对梧州站防洪基本没有影响;"68·6"年型洪水虽未达到防洪启用的条件,但大藤峡水库本身具有滞洪的效果,可以削峰 1 900 m³/s。

当发生大洪水时(如 1988 年型、1994 年型、1998 年型、2005 年型),大藤峡水库削峰效果在 200~3 900 m³/s 不等。由于大藤峡水电站发电调度规则为入库流量在 22 400 m³/s 时库水位已降至 47.6 m,水库增加的泄量主要在流量小于 22 400 m³/s 的一段过程中,流量大于 22 400 m³/s 后至防洪调度前基本按来水量下泄。因此,腾空库容增加的流量在梧州站洪峰流量到来之前已基本消落,对梧州站防洪基本没有影响。

因此,发生洪水时不考虑预报的发电调度方案和预报预泄发电调度方案均能与防洪调度有效衔接,对下游梧州站的洪峰流量起到削峰作用或者基本没影响,水库在腾空的过程中不会加重下游堤防的防洪压力。

5.2.6.3　通航

采用不考虑预报的发电调度方案和预报预泄发电调度方案分别调度各年型洪水,最小下泄流量和下游水位最大时变幅结果见表5-18。在调度过程中,最小下泄流量均大于或等于700 m³/s,满足下游航道最小通航流量要求;下游水位时变幅均小于1 m/h,最大水位变幅出现在水库腾空或回蓄时刻。一般情况下下游水位时变幅小于0.5 m/h,能够满足下游航运要求。

表5-18　各典型洪水最小下泄流量及下游最大水位时变幅成果汇总

调度方案	典型洪水	"68·6"洪水	"78·5"洪水	"88·9"洪水	"94·6"洪水	"98·6"洪水	"05·6"洪水
不考虑预报调度方案	最小下泄流量/(m³/s)	700	700	700	700	700	700
	下游水位最大时变幅/(m/h)	0.96	0.93	0.92	0.95	0.96	0.86
预报预泄调度方案	最小下泄流量/(m³/s)	1 163	700	700	1 136	917	700
	下游水位最大时变幅/(m/h)	0.66	0.76	0.78	0.66	0.88	0.59

因此,不考虑预报的发电调度方案和预报预泄发电调度方案均能满足通航流量和下游水位变幅要求。

5.2.6.4　库区淹没

采用不考虑预报的发电调度方案和预报预泄发电调度方案分别调度各典型洪水,入库流量和对应坝前水位成果见图5-30~图5-35。6场典型洪水计算成果表明,水库腾空和回蓄过程中均未突破库区淹没控制线,不会增加水库淹没。

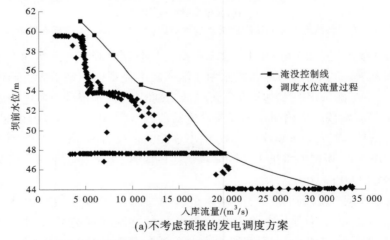

(a)不考虑预报的发电调度方案

图5-30　淹没控制坝前水位流量关系(1968年5月1日至9月30日)

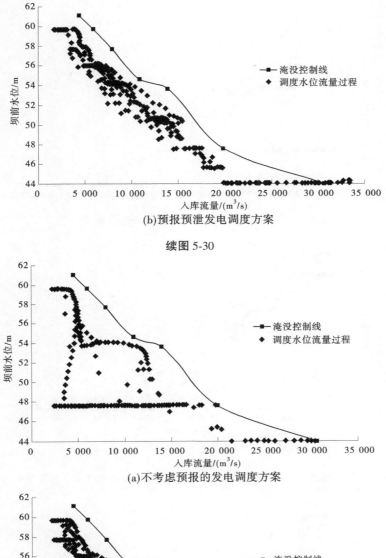

(b)预报预泄发电调度方案

续图 5-30

(a)不考虑预报的发电调度方案

(b)预报预泄发电调度方案

图 5-31　预报预泄调度淹没控制坝前水位流量关系(1978 年 5 月 1 日至 9 月 30 日)

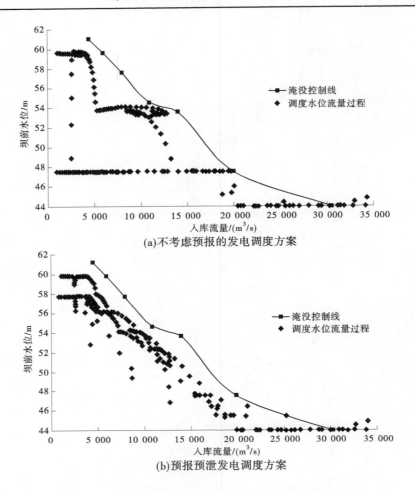

(a)不考虑预报的发电调度方案

(b)预报预泄发电调度方案

图 5-32　预报预泄调度淹没控制坝前水位流量关系(1988 年 5 月 1 日至 9 月 30 日)

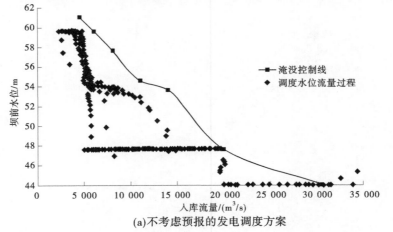

(a)不考虑预报的发电调度方案

图 5-33　预报预泄调度淹没控制坝前水位流量关系(1994 年 5 月 1 日至 9 月 30 日)

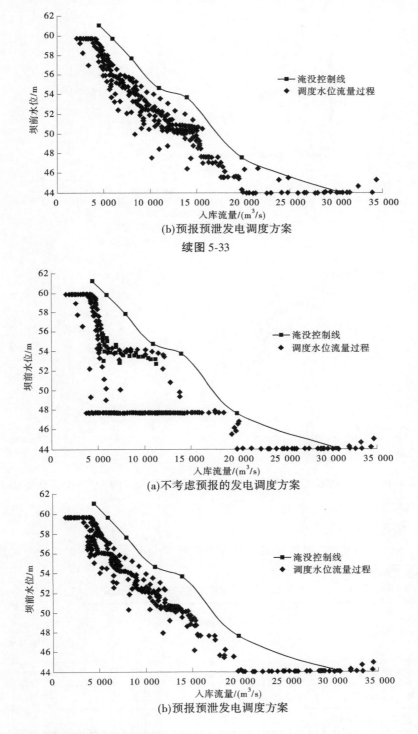

(b)预报预泄发电调度方案

续图 5-33

(a)不考虑预报的发电调度方案

(b)预报预泄发电调度方案

图 5-34　预报预泄调度淹没控制坝前水位流量关系(1998 年 5 月 1 日至 9 月 30 日)

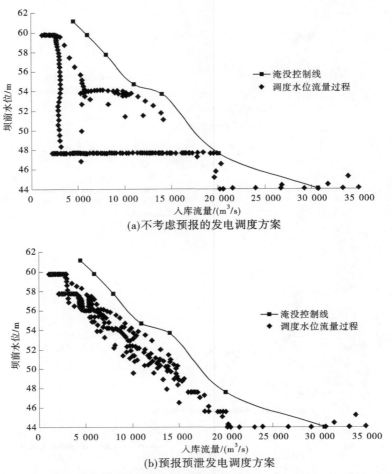

(a)不考虑预报的发电调度方案

(b)预报预泄发电调度方案

图 5-35 预报预泄调度淹没控制坝前水位流量关系(2005 年 5 月 1 日至 9 月 30 日)

因此,不考虑预报的发电调度方案和预报预泄发电调度方案均能控制库区淹没。

5.2.6.5 优化调度效果评价

从航运、水资源配置、灌溉和发电量等方面对比分析不考虑预报的发电调度方案和预报预泄发电调度方案,效果见表 5-19。

表 5-19 不同调度方案的调度效果比较

项目	不考虑预报的 发电调度方案	预报预泄 发电调度方案
正常蓄水位/m	61.0	61.0
汛期(6—8 月)最高兴利水位/m	47.6	57.6
防洪起调水位/m	47.6	47.6
腾空库容/亿 m³	0	10.65

续表 5-19

项目		不考虑预报的 发电调度方案	预报预泄 发电调度方案
调度效果	防洪要求	满足	满足
	库区淹没要求	满足	满足
	通航要求	满足	满足
	生态要求	满足	满足
	水资源配置		8 月底平均蓄水量增加 7.36 亿 m³, 保障下游供水安全
	航运	红水河、柳江航运不能 完全衔接,需整治河段较长	2 000 t 级以上船舶可以全线通航, 改善通航条件
	灌溉		库区灌面提水扬程降低,下游灌面 自流灌溉面积增加,降低灌溉成本
	发电		发电量增加 9.2%,保证出力增大 3.6%

1. 航运

大藤峡水利枢纽的航运任务是改善黔江航道通航条件,提高黔江航道标准和通航能力,结合航道整治和疏浚等措施,使枢纽上下游河段远景达到 3 000 t 级航道,枢纽船闸按 3 000 t 级规模设计,同时预留二线船闸。

汛期 6—8 月,大藤峡水库承担下游防洪任务,需预留出防洪库容按 47.6 m 运行,导致红水河、柳江航运不能完全衔接。汛期 6—8 月当来水偏枯时,对于 2 000 t 级以上船舶,红水河、柳江需进行整治的航道里程分别为 54.2 km、81.2 km。若采用预报预泄发电调度方案,6—8 月发电最高水位为 57.6 m,2 000 t 级以上船舶可全线通航至来宾、柳州,红水河、柳江不需要进行航道整治。对于 3 000 t 级船舶,预报预泄发电调度方案的优势更加明显。

因此,预报预泄调度方案可渠化库区河道,减少航道整治工程量,改善库区通航条件。

2. 水资源配置

大藤峡水利枢纽在流域水资源配置中任务是在天生桥、龙滩等调节水库按照正常发电调度调节径流的基础上,进一步调配西江枯水期径流,降低枯水期河口咸潮上溯的影响,保障西江下游及珠江三角洲生活、生产和生态的基本用水需要,保证西江下游及珠江三角洲地区的供水安全,在西江下游发生突发性水污染事件时,紧急向下游输水,缓解西江下游及三角洲供水紧张局面。

根据逐日长系列计算成果,不考虑预报的发电调度方案和预报预泄发电调度 8 月底多年平均蓄水量分别为 12.0 亿 m³、18.2 亿 m³,8 月底多年平均蓄水量增加了 6.2 亿 m³。

在来水偏枯的条件下,预报预泄发电调度方案有利于利用汛期来水量,保障非汛期用水需求。

因此,预报预泄发电调度方案能进一步确保非汛期水资源调度水量要求,保障下游供水安全。

3. 灌溉

大藤峡水利枢纽的灌溉任务是为大藤峡下游灌区发展自流灌溉提供水源保障,也为库区周边发展提水灌溉节省电费,并改善库区沿岸农村生活用水条件,同时为达开水库和金田水库转作城市供水水源创造基本条件。

根据逐日长系列计算成果,汛期 6—8 月和汛期 5 月、9 月不考虑预报的发电调度方案坝前多年平均水位分别为 47.5 m、57.2 m,预报预泄发电调度方案坝前多年平均水位分别为 53.4 m、57.5 m,分别抬高了 5.9 m、0.3 m。坝前水位的抬高,可降低库区农田灌溉的提水扬程,增加下游自流灌溉的灌溉面积,降低灌溉成本。

因此,预报预泄发电调度方案可以抬高坝前水位,降低灌溉成本。

4. 发电

根据电能计算成果,大藤峡水利枢纽采用不考虑预报的发电调度方案时,算术平均发电水头 29.10 m,多年平均发电量 60.55 亿 kW·h,年装机利用小时数 3 784 h,多年平均出力 691 MW,$P=95\%$ 保证出力 336.9 MW。若采用预报预泄发电调度方案,算术平均发电水头 30.58 m,发电水头抬高 1.48 m;多年平均发电量为 66.12 亿 kW·h,发电量增加 5.57 亿 kW·h,增加约 9.2%;年装机利用小时数 4 132 h,利用小时数增加 348 h,增加约 9.2%;多年平均出力 754 MW,$P=95\%$ 保证出力 348.9 MW,保证出力增大 12 MW,增大约 3.6%。

因此,预报预泄发电调度方案可以增加发电量,并优化发电质量。

5. 效果评价

与不考虑预报的发电调度方案相比,预报预泄调度方案同样能够满足防洪、库区淹没和下游航运要求,还有利于利用汛期来水量,确保非汛期水资源调度水量要求,保障下游供水安全;渠化库区河道,减少航道整治工程量,改善库区通航条件;降低库区灌溉的提水扬程,增加下游自流灌溉面积,降低灌溉成本;并且增大了多年平均发电量和保证出力,达到了增加发电量和优化发电质量的效果。

5.2.7　发电优化调度影响分析

从流域防洪、通航、水资源配置、生态等方面,对预报预泄发电调度方案的影响进行分析。

5.2.7.1　防洪

汛期 6—8 月大藤峡水库与龙滩水库联合运行共同承担下游防洪任务,需要在正常蓄水位之下预留 15 亿 m³ 防洪库容,防洪起调水位 47.6 m。汛期 5 月、9 月虽不承担下游防洪任务,如遇库区发生较大洪水应将水位降至防洪起调水位 47.6 m,以便为应对超标准洪水及时腾出全部防洪库容。

典型年型实测全汛期洪水的腾空库容和回蓄的水量平衡计算结果表明,各年型洪水在流量大于 22 400 m³/s 时,坝前水位均能保证降至防洪起调水位 47.6 m 以下,水库从发电调度进入防洪调度,不会影响防洪安全,水库在腾空的过程中不会加重下游堤防的防洪压力。

5.2.7.2　通航

交通部珠江航务管理局以及广西航运部门要求大藤峡水利枢纽坝址航运基流 700 m³/s。另外,根据已建工程的设计以及实际运行经验,时变幅不超过 1 m/h 对航运没有太大影响。

调度计算结果表明,各年型洪水最小下泄流量和下游水位时变幅均能满足要求,因此发电优化调度不会对航运造成影响。

5.2.7.3　水资源配置

大藤峡水库具有日调节能力,仅对径流日过程造成一定影响,对区域水资源配置无明显影响。

5.2.7.4　生态

初设阶段确定的坝址最小生态环境流量为 660 m³/s,下游航道最小通航流量为 700 m³/s,该流量大于最小生态环境流量。

调度计算结果表明,发电优化调度能够满足生态流量要求,不会对生态造成影响。

综上所述,大藤峡水利枢纽发电优化调度对防洪、通航、水资源配置、生态等调度没有影响,满足流域防洪、通航、水资源配置、生态等多项任务要求。

5.3　本章小结

大藤峡水利枢纽设计阶段采用了不考虑预报的发电调度方案,即依据水库上游三站实测流量之和作为判断依据进行水库动态调度,其中汛期 6—8 月按固定水位 47.6 m 运行,汛期 5 月、9 月最高发电运行水位 59.6 m。该调度方案虽然能满足防洪要求和控制水库淹没范围,但增大了航道整治工程量,提高了灌溉成本,并影响工程效益的发挥。

为了协调防洪、航运、灌溉、发电等多项任务间的矛盾,本章采用预报预泄法对汛期发电调度方案进行优化,提出了预报预泄发电调度方案,其中汛期 6—8 月最高发电运行水位 57.6 m,汛期 5 月、9 月最高发电运行水位 59.6 m。对于非汛期 10 月至翌年 4 月,由于受库区淹没控制线限制,维持设计阶段采用的调度规则。

与设计阶段采用的不考虑预报的发电调度方案相比,预报预泄发电调度方案有利于保障下游供水安全,改善库区通航条件,降低灌溉成本,并且增加多年平均发电量 9.2%、增大保证出力 3.6%,达到优化发电量和发电质量的效果。另外,预报预泄发电调度方案满足流域防洪、通航、水资源配置、生态等多项任务要求,不会产生明显影响。

第 6 章　西江流域梯级水库群
发电优化调度研究

6.1　研究方案

　　珠江流域西江水系上游主源南盘江与北盘江汇合为红水河,与柳江汇合后为黔江。大藤峡水利枢纽位于黔江干流,作为流域控制性枢纽,不单单从枢纽本身的汛期水位动态控制优化综合利用效益,更要统筹协调整个流域干支流、上下游梯级不同开发任务和目标,以实现水资源的最优利用。因此,以流域上游调节库容较大的天生桥一级、龙滩、光照等梯级为主要对象,建立水库群优化调度模型,从全流域角度研究分析大藤峡水利枢纽电量优化潜力。以梯级水库库群综合利用效益最优为目标,通过库群优化调度模型以实现流域生态调度、水资源调度、电量调度的耦合。针对流域特点,在确保防洪安全的前提下,发电调度服从水资源调度,水资源调度服从生态调度。

　　大藤峡水利枢纽坝址以上涉及河流有南盘江、北盘江、红水河、柳江、黔江,柳江流域尚无调节性能较大的枢纽。南盘江、北盘江、红水河主要梯级电站特征指标见表 6-1,梯级开发纵剖面图见图 6-1~图 6-3。其中,南盘江上干流已建水电站有天生桥一级、天生桥二级、平班等梯级,北盘江上有光照、马马崖等梯级,红水河上有龙滩、岩滩、大化、百龙滩、乐滩、桥巩等梯级,其中天生桥一级、光照为多年调节,龙滩水电站近期正常蓄水位 375 m 时为年调节,远期正常蓄水位 400 m 时为多年调节,其他梯级多以日调节或无调节性能为主。

　　为了实现水资源的最优利用,以上游调节库容较大的梯级水电站作为研究对象,即西江流域梯级水库群发电优化研究范围为南盘江天生桥一级—黔江大藤峡区间河段,研究主要范围为大藤峡坝址断面以上具有较大调节性能的天生桥一级、龙滩、光照梯级。

6.1.1　天生桥一级水电站

6.1.1.1　基本情况

　　天生桥一级水电站位于南盘江干流上。坝址左岸是贵州安龙县,右岸是广西壮族自治区隆林县。坝址以上流域面积为 50 139 km²,占南盘江流域面积的 89.4%,设计多年平均径流量约 193 亿 m³,电站下游 7 km 处是天生桥二级水电站首部枢纽。

　　天生桥一级水电站以发电为主,水库按 1 000 年一遇洪水(20 900 m³/s)设计,按可能最大洪水(28 500 m³/s)校核,设计洪水位为 782.87 m,校核水位为 789.86 m,水库正常蓄水位 780 m,死水位 731 m,总库容 102.57 亿 m³,死库容 26 亿 m³,有效库容 57.96 亿 m³,库容系数 30%,水库为不完全多年调节。电站总装机容量 120 万 kW,保证出力 41.88 万 kW,设计年均发电量 52.26 kW·h,年均装机利用小时 4 314 h。

表 6-1　大藤峡水利枢纽上游主要梯级水电站特征指标

项目	单位	光照	天生桥一级	天生桥二级	平班	龙滩	岩滩	大化	百龙滩	乐滩	桥巩	大藤峡
所在河流		北盘江	南盘江			红水河					黔江	
集水面积	km²	13 548	50 139	50 194	56 000	98 500	106 580	112 200	112 500	118 000	128 564	198 612
多年平均流量	m³/s	257	605	615	616	1 640	1 760	1 990	2 020	2 180	2 127	4 150
正常蓄水位	m	745	780	645	440	375	223	155	126	112	84	61
死水位	m	691	731	637	437.5	330	204	153	125	110	82	47.6
调节库容	亿 m³	20.37	57.96	0.184	0.268	111.5	15.6	1.06	0.047	0.46	0.27	16.07
调节性能		多年	多年	日	日	年	日	日	径流	日	日	日
保证出力	MW	180.2	418.8	730	126.88	1 234	245	343	152.5	300.9	173	366.9
装机容量	MW	1 040	1 200	1 320	405	4 900	1 810	600	192	600	456	1 600
装机台数	台	4	4	6	3	6	6	6	6	4	8	8
机组额定流量	m³/s				1 321	3 198			2 265		3 736	7 088.32
额定水头	m	155	157.5	176	34	140	59.4	22	9.7	19.9	13.8	25
多年平均发电量	亿 kW·h	27.54	52.26	82	16.03	156.7	75.47	33.19	13.35	34.95	24.12	60.55
装机利用小时	h	2 574	4 314	6 212	3 959	3 113	4 170	5 532	6 953	5 825	5 289	3 784

注：1. 表中数据为水库设计时成果；

2. 龙滩水库考虑现状一期 375 m 的规模。

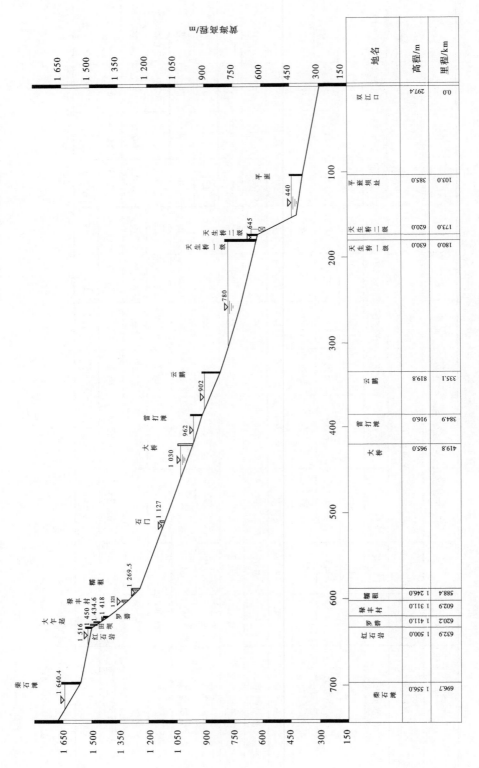

图 6-1　南盘江干流梯级开发纵剖面图

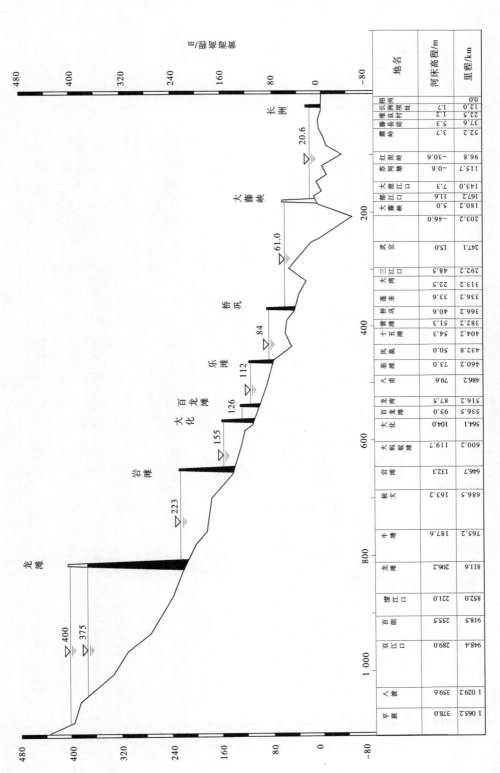

地名	河床高程/m	里程/km
		0.0
桂平长洲		1.7
维长洲坝址	1.7	12.0
藤县良村站	1.3	22.5
震岭	5.3	37.6
红泥岭	3.7	52.2
苏河塘	-30.6	96.8
大湘江口口	-0.6	115.7
大藤峡	7.3	143.0
	11.6	167.2
	5.0	180.2
武宣	-46.0	203.2
大三江口	15.0	247.1
大湾	48.5	292.2
桥巩	22.5	313.2
黄滩	33.6	336.2
十五滩	40.6	366.2
凤凰	51.3	382.2
恶滩	54.3	404.2
八甫	50.0	432.8
百龙滩	73.0	460.2
大化	79.6	486.2
大鸡敖滩	87.5	516.2
岩滩	95.0	536.5
板文	104.0	564.1
牛�	119.7	600.2
龙滩	132.3	646.7
漯江口	163.2	686.5
百朗	187.6	765.2
双江口	206.2	811.6
八渡	221.0	852.0
平班	255.5	918.5
	289.0	948.4
	359.6	1 029.2
	378.0	1 065.2

图 6-2　红水河干流梯级开发纵剖面图

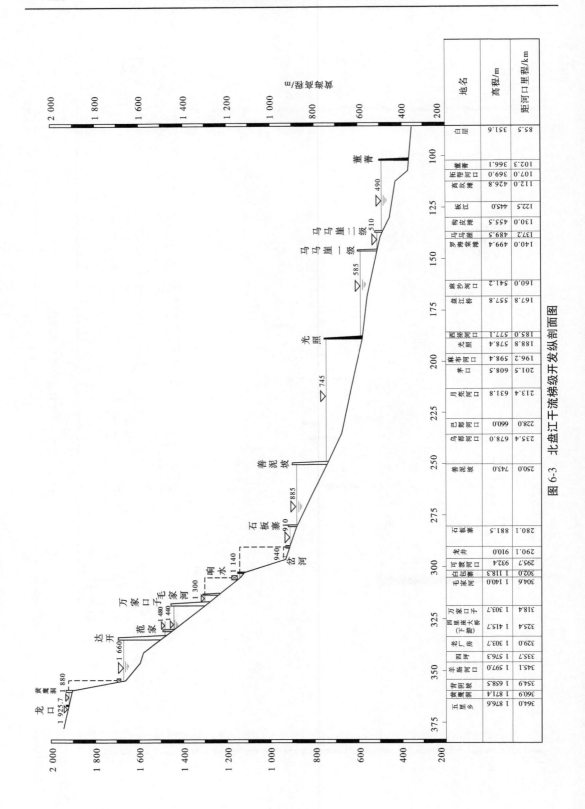

图6-3 北盘江干流梯级开发纵剖面图

天生桥一级水电站为Ⅰ等工程,电站枢纽由大坝、溢洪道、引水系统、厂房、放空洞五大部分组成。大坝为混凝土面板堆石坝,坝顶高程 791 m,最大坝高 178 m,坝顶长度为 1 104 m,坝顶宽度为 12 m。溢洪道设于右岸垭口,是电站唯一的泄洪建筑物,具有规模大、泄流量大、流速高等特点,主要由引渠、溢流堰、泄槽、挑流鼻坎和护岸工程等组成。其中引渠宽 120 m,长 1 111 m,底部高程 745 m;溢流堰顶高程 760 m,前缘宽 81 m,出口处宽 69.8 m,采用挑流消能,设 5 孔 13 m×20 m 的弧形工作闸门,设计最大泄量为 21 750 m³/s,为国内规模和泄量最大的岸边溢洪道;引水发电系统布置在左岸,采用单级单管引水方式。由引渠、进水塔、引水隧洞和压力钢管组成。进水口底板高程 711.5 m,引水隧洞内径 9.6 m,长度分别为 551.256 m、585.147 m、618.938 m、652.73 m,隧洞最大引水流量为 1 204 m³/s。电站厂房布置在大坝下游左侧,长 145 m,高 26 m,宽 61.5 m;放空洞布置在右岸,全长 1 280.287 m,进口底板高程为 660 m。距进口 339.174 m 处为事故闸门井,井高 131 m,内径 11 m,安装 6.8 m×9.0 m 的事故闸门。距进口 548.212 m 处为工作闸门室,设 1 扇 6.4 m×7.5 m 的弧形闸门。工作闸门室前为有压隧洞,内径 9.6 m,其后为无压隧洞,洞宽 8 m,高 11 m,底坡为 0.015,隧洞最大泄流量为 1 766 m³/s。

天生桥一级水电站于 1991 年 6 月正式开工,1994 年底实现截流。1998 年 9 月建成水情自动测报系统,1998 年底实现第一台机组发电,2000 年 10 月,蓄水至正常蓄水位,年底工程全部竣工。

6.1.1.2　运行调度方式

天生桥一级水电站以发电为主,兼有防洪、航运及水资源配置等综合利用任务,调度运行方式为兴利调度和防洪调度。

1. 兴利调度

天生桥一级发电调度是为发挥其龙头水库补偿效益,采用水电站群保证出力最大为目标函数的运行方式。天生桥一级径流调节计算根据该梯级拟定的调度图进行。

2. 防洪调度

(1)天生桥一级电站以发电为单一开发目标,不承担下游防洪任务,汛期以确保大坝安全为主,发电服从防洪。

(2)主汛期 5 月 20 日至 9 月 10 日,电站水库水位控制在防洪限制水位 773.1 m 运行,多余来水由溢洪道闸门进行下泄;后汛期 9 月 10 日以后水库水位可蓄至正常蓄水位 780 m 运行,多余来水由溢洪道闸门进行下泄,以保证电站安全防洪和正常蓄水。

(3)为避免给下游造成人为灾害,水库下泄流量不应超过本次洪水的入库洪峰流量。

天生桥一级水电站的大坝全景、库容曲线和调度图见图 6-4~图 6-6。

6.1.2　光照水电站

6.1.2.1　基本情况

光照水电站位于贵州省关岭县和晴隆县交界的北盘江中游,是北盘江上最大的一个梯级水电站,也是北盘江茅口以下梯级水电站的龙头电站。工程地处六盘水工业区腹地,与安顺工业区负荷中心毗邻,距省会贵阳市 162 km,距安顺市 75 km,距晴隆县城 14 km。坝址以上控制流域面积为 13 548 km²,设计多年平均径流量 81.1 亿 m³。

图 6-4　南盘江干流天生桥一级水电站大坝全景

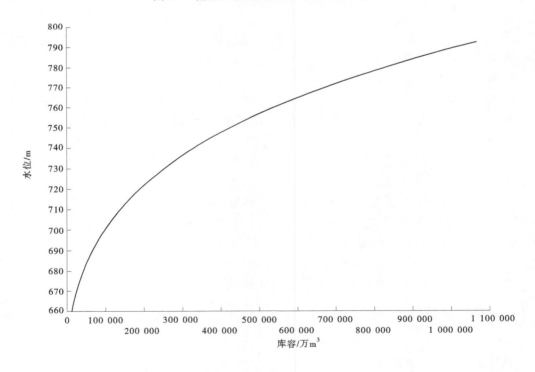

图 6-5　南盘江干流天生桥一级水电站库容曲线

水库设计洪水标准为 1 000 年一遇,设计洪水位 756.78 m;校核洪水标准为 5 000 年

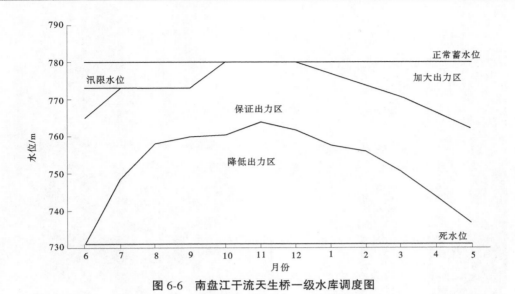

图 6-6　南盘江干流天生桥一级水库调度图

一遇,校核洪水位 747.07 m。水库正常蓄水位 745 m,相应库容 31.35 亿 m³,总库容 32.45 m³,调节库容 20.37 亿 m³,死水位 691 m,死库容 10.98 亿 m³。电站装机容量 104 万 kW,保证出力 18.02 万 kW,设计多年平均发电量 27.54 亿 kW·h,年平均利用小时 2 648 h。

光照电站工程属 Ⅰ 等大(1)型工程,枢纽由碾压混凝土重力坝、坝身泄洪系统、右岸引水系统、地面厂房系统及左岸预留远景通航建筑物等组成。重力坝、泄洪建筑物、引水系统及发电厂房、通航建筑物参与挡水及与水库有直接联系的部分为一级建筑物,重力坝下游部分的通航建筑物为三级建筑物。大坝为碾压混凝土重力坝,最大坝高 200.5 m,坝顶宽度 12.0 m,坝底最大宽度 159.05 m,坝顶长度 410.0 m。溢洪道为河床式,堰顶高程 725.00 m,最大泄量 9 875 m³/s。发电输水隧洞为圆形隧洞,进口底高程为 399.85 m,直径 11.0 m,最大泄量 1 320 m³/s。泄洪洞由 3 个表孔和 2 个底孔组成。工程于 2003 年 10 月开工,2004 年工程实现截流,2008 年 8 月首台机组发电,2009 年 11 月工程建成。

6.1.2.2　运行调度方式

光照水电站任务以发电为主,结合航运,兼顾其他,调度运行方式为:根据光照水库调节库容和来水特点,为了获得较好的调节效益,在保证出力不变的前提下,应力求减少弃水和提高电站的平均运行水头。当本年的径流量能满足保证出力要求时,可仅进行年调节,以获取更多的电量。只有在连续枯水年时,才进行多年调节以满足保证出力的要求。根据制定的调度图来指导电站运行。

由于光照水库具有多年调节性能,因此它完全能够进行日、周调节,以满足电力系统负荷的变化要求;此外,较大的调节库容使该电站在电力系统中承担较大的事故备用及负荷备用,而无须专设事故备用库容。因此,光照水电站在满足航运要求的前提下,可承担电力系统的调峰、调频及备用。光照水电站大坝全景、库容曲线和调度图见图 6-7~图 6-9。

图 6-7　北盘江干流光照水电站大坝全景

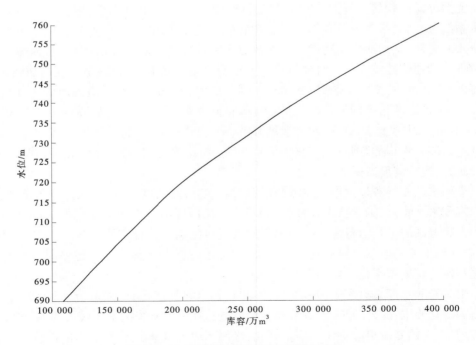

图 6-8　北盘江干流光照水电站库容曲线

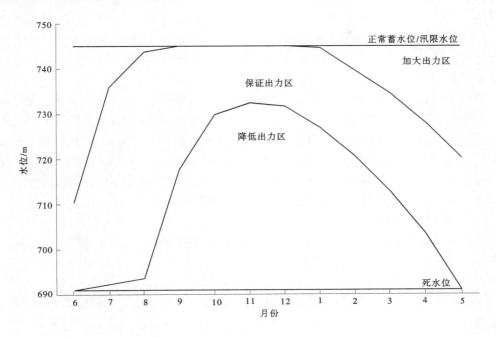

图 6-9　北盘江干流光照水库调度图

6.1.3　龙滩水电站

6.1.3.1　基本情况

龙滩水电站位于红水河上游,为红水河梯级中龙头水电站。坝址位于广西壮族自治区河池市天峨县六排镇境内,距天峨县城 15 km,坝址以上流域集水面积 98 500 km²,占红水河流域总面积的 71.2%,占西江梧州站以上流域面积的 30%,设计多年平均径流量 517亿 m³。

原规划为二期开发,现状龙滩电站已按一期规模建设完毕,二期因库区淹没问题,实施难度越来越大,远期正常蓄水位调整方案的研究工作也正在进行中。一期设计洪水位375 m,校核洪水位 381.84 m,水库正常蓄水位 375 m,死水位 330 m,水库总库容 188.09亿 m³,调节库容 111.5 亿 m³,防洪库容 50 亿 m³,死库容 50.6 亿 m³,装机容量 490 万 kW,设计多年平均发电量 156.7 亿 kW·h,保证出力 123.4 万 kW,年均装机利用小时 3 113h,为年调节水库;二期规划正常蓄水位 400 m,死水位 340 m,设计洪水位 402.5 m,校核洪水位 404.8 m,总库容 272.7 亿 m³,调节库容 205 亿 m³,防洪库容 70 亿 m³,死库容 67.4亿 m³,规划装机容量 630 万 kW,为多年调节水库。

龙滩水电站按 500 年一遇洪水设计,10 000 年一遇洪水校核。工程主要由大坝、泄水建筑物、引水发电系统、发电厂房、开关站和升船机等组成。拦河坝采用碾压混凝土重力坝,坝顶高程 382.00 m,坝高 192.00 m,坝顶长 742 m;泄水建筑物布置在大坝河床部位,设有 7 个表孔和 2 个底孔,表孔孔口尺寸为 15 m×20 m,泄洪全部由表孔承担,发生10 000 年一遇洪水时,最大泄量为 28 190 m³/s,表孔两侧布置底孔,孔口尺寸 5 m×7 m,底孔不承担泄洪任务,主要用于后期导流、水库放空和冲排沙;发电厂房位于左岸,为地下式厂房,装有 7 台水轮发电机组,进水口为坝式进水口,后接压力引水隧洞,单机单管引水,每 3 台机共 1 个尾水调压井及尾水隧洞。通航建筑物位于枢纽右侧,采用二级平衡垂直升船机,通航建筑物包括上引航道、第一升船机、中间错船明渠、第二升船机、下游引航道等 5 部分,全长 1 650 m,升船机按 500 t 驳船设计。

龙滩水电站按 1998 年原能源部、国家能源投资公司及广东、广西、贵州三省(自治区)对正常蓄水位达成的"400 m 设计,375 m 建设"意见,为远景加高大坝时不影响正常发电,坝基开挖和处理按 400 m 水位一次完成。在正常蓄水位 230 m 以下混凝土工程考虑先浇,今后不再围水施工,后期加高混凝土总工程量为 162.14 万 m³,坝体混凝土浇筑采取后帮式贴补。一期主体工程已于 2001 年 7 月 1 日开工,2003 年 11 月完成大江截流,2007 年 7 月第一台机组并网发电,2009 年底全部投产建成。

6.1.3.2　运行调度方式

该梯级开发任务以发电为主,兼有防洪、航运及水资源配置等综合利用任务,调度运行方式为兴利调度和防洪调度。

1.兴利调度

龙滩水库为系统最大的蓄能补偿水库,发电调度以全系统水电站保证出力、年发电量最大为目标。汛期一般以下游库容较小水库优先蓄水,龙滩水库后蓄或同时蓄水,并早抬高梯级有效利用水头,以提高整个系统库群总蓄能;水库运行至防洪汛限水位与正常蓄水位时,则按天然来水量发不蓄出力;枯水期龙滩水库发挥蓄能水库作用,对系统水电进行补偿调节,增加系统水电群的总保证出力。龙滩径流调节计算根据该梯级拟定的调度图进行计算。

2.防洪调度

龙滩水库承担下游防洪任务,目前,龙滩水电站按 375 m 正常蓄水位设置 50 亿 m³ 防洪库容,规划远期按 400 m 正常蓄水位设置 70 亿 m³ 的防洪库容。根据《珠江流域防洪规划》,龙滩水库远期(400 m)在 7 月 15 日前需保持 70 亿 m³ 防洪库容,7 月 15 日以后,水库可以开始回蓄,但在 8 月仍预留 30 亿 m³ 防洪库容以应对后汛期洪水,到 9 月 1 日后再逐渐回蓄到正常蓄水位。龙滩水库防洪调度方式为:

(1)梧州涨水期,水库下泄流量不大于 6 000 m³/s;当其涨水超过 25 000 m³/s 时,泄量不超过 4 000 m³/s。

(2)在梧州退水期,当梧州站流量大于或等于 42 000 m³/s 时,龙滩水库仍按不大于 4 000 m³/s 下泄;若梧州站流量小于 42 000 m³/s,则按龙滩入库流量泄水。

龙滩水电站大坝全景、库容曲线和调度图见图 6-10~图 6-13。

6.1.4　大藤峡水利枢纽

6.1.4.1　基本情况

大藤峡水利枢纽位于西江水系黔江干流,地处广西桂平市,坝址下距桂平市彩虹桥 6.6 km,坝址以上流域集水面积 198 612 km²,占西江流域总面积的 56%,设计多年平均径流量 1 301 亿 m³。

工程设计洪水位 61 m,校核洪水位 64.10 m,水库正常蓄水位 61.00 m,死水位 47.60

图 6-10　红水河干流龙滩水电站大坝全景图

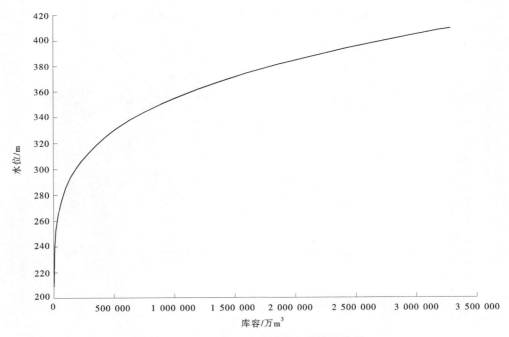

图 6-11　红水河干流龙滩水电站库容曲线

m,汛期限制水位 47.6 m,防洪运用最低水位 44 m,水库总库容 34.79 亿 m³,调节库容 16.07 亿 m³,防洪库容 15 亿 m³,死库容 12.06 亿 m³,装机容量 160 万 kW,设计多年平均发电量 60.55 亿 kW·h,年均装机利用小时 3 784 h,水库仅具有日调节性能。

大藤峡水利枢纽按 1 000 年一遇洪水设计,5 000 年一遇洪水校核。工程主要由挡水、泄水、发电、通航、过鱼建筑物等组成。挡水建筑物包括黔江主坝、黔江副坝、南木江拦河坝,其中黔江主坝坝顶长 1 234 m,坝顶高程 64.00 m;泄水建筑物布置在主河床左岸,

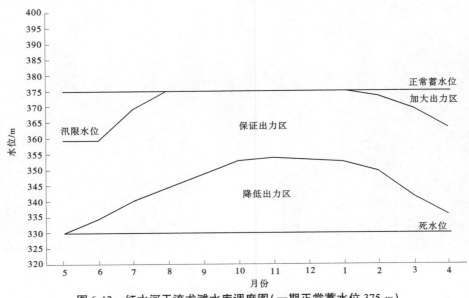

图 6-12　红水河干流龙滩水库调度图(一期正常蓄水位 375 m)

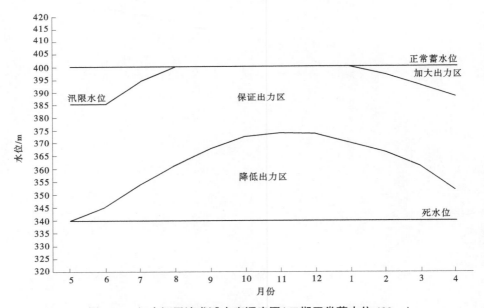

图 6-13　红水河干流龙滩水库调度图(二期正常蓄水位 400 m)

设有 2 个高孔和 24 个低孔,高孔主要承担排漂和泄洪任务,采用开敞式实用堰,堰顶高程 36.00 m,孔宽 14 m,低孔主要任务是泄洪和排沙,采用宽顶堰,堰顶高程 22.00 m,孔宽 9 m,孔高 18 m,消能方式采用底流消能;电站厂房分左、右两岸布置于泄水闸坝段两侧,其中右岸厂房布置 5 台机组,左岸厂房安装 3 台机组,8 台机组总装机容量为 160 万 kW。黔江鱼道布置在黔江主坝右岸岸坡,鱼道结构采用竖缝式和淹没式组合鱼道,断面为矩形,水深 3 m,净宽 5 m,鱼池长 6 m,南木江鱼道位于灌溉及生态取水口左侧,结构、鱼池尺寸及鱼道进、出口闸门设置原则与黔江鱼道相同;灌溉取水建筑物布置在南木江副坝左岸,由引水渠、取水口、无压涵洞和明渠组成,与生态取水共用,最大设计流量 11 m^3/s,引水渠宽度 22.6 m,渠底高程 42.00 m;大藤峡船闸按 3 000 t 级标准进行设计,采用左岸单级船闸集中式分布置,船闸预留为二线船闸。

大藤峡水利枢纽目前仍处于施工建设过程中,2015 年工程正式开工,2020 年 9 月水库水位首次达到 52 m,2022 年 6 月大藤峡灌区工程开始建设,2022 年 8 月右岸首台发电机组吊装完成,进入总装阶段。

6.1.4.2　运行调度方式

工程开发任务为防洪、航运、发电、补水压咸、灌溉等综合利用,根据前述研究成果,发电调度规则采用本次优化成果,具体调度运行方式为洪水调度、航运调度、发电调度、水资源配置和灌溉用水调度。

1. 洪水调度

大藤峡水利枢纽洪水调度规则见表 6-2。

表 6-2　大藤峡水利枢纽洪水调度规则

起调条件/(m^3/s)	控泄条件/亿 m^3	坝前水位/m	泄流量 Q/(m^3/s)
起蓄条件满足其中之一: (1) $Q_{梧州}>46\ 900$ 或 $Q_{坝址}>39\ 300$; (2) $Q_{梧州}\geqslant44\ 900$ 且 $\Delta Q_{梧州i-12\ h}>2\ 300$; (3) $Q_{梧州}\geqslant42\ 000$ 且 $\Delta Q_{江甘i-24\ h}>6\ 500$; (4) $Q_{梧州}\geqslant41\ 000$ 且 $Q_{江口}\geqslant39\ 300$ 且 $\Delta Q_{江甘i-24\ h}>6\ 000$	$\Delta W_{龙i-3\ d}\geqslant10$	$Z<Z_0$	$Q_{坝址}-3\ 500$
		$Z\geqslant Z_0$	$Q_{入库}$
	$\Delta W_{龙i-3\ d}<10$	$Z<Z_0$	$Q_{坝址}-6\ 000$
		$Z\geqslant Z_0$	$Q_{入库}$
	洪水发生在 后汛期	$Z<Z_0$	$Q_{坝址}-3\ 500$
		$Z\geqslant Z_0$	$Q_{入库}$
腾空条件: $Q_{梧州i-12\ h}\leqslant44\ 900$ 且 $Q_{江甘i-12h}\leqslant36\ 900$		$Z<Z_0$	$Q_{坝址}+3\ 500$
		$Z\geqslant Z_0$	$Q_{入库}$

注:1. $Q_{梧州}$ 为梧州站流量,$Q_{梧州i-12\ h}$ 为梧州站前 12 h 的流量,$\Delta Q_{梧州i-12\ h}$ 为梧州站前 12 h 的涨率,$Q_{江口}$ 为大湟江口站流量,$Q_{江甘i-12\ h}$ 为大湟江口站前 12 h 的流量,$\Delta Q_{江甘i-24\ h}$ 为大湟江口前 24 h 的涨率,$Q_{入库}$ 为入库流量,$Q_{坝址}$ 为坝址流量,Q 为水库泄量,$\Delta W_{龙i-3\ d}$ 为龙滩水库前 3 d 的蓄水量,Z 为水库水位。

2. 当坝址流量小于 43 500 m^3/s,同时大湟江口流量小于 44 600 m^3/s,梧州站流量小于 48 500 m^3/s 时,Z_0 为 57.6 m;否则 Z_0 为 61.00 m。

2. 航运调度

枢纽要求控制最小连续流量不小于 700 m^3/s,同时,要求在航运保证率以内的防洪和发电运行,必须满足航运对水位变率要求。

3. 发电调度

经枢纽本身发电优化调度后的规则详见第 5 章。

4. 水资源配置

每年的 10 月至翌年 2 月的枯水季节期间,由黔江武宣、郁江贵港、北流河金鸡、桂江京南、蒙江太平站(简称 5 测站)测报西江梧州站流量,由大藤峡水库按照梧州流量达到压咸时段 2 100 m³/s,非压咸时段 1 800 m³/s 进行补水,大藤峡水利枢纽水资源配置调度原则见表 6-3。

表 6-3　大藤峡水利枢纽水资源配置调度规则

时段	测报梧州流量	水库水位	调度规则
压咸时段	$Q \geqslant 2\,100\ \mathrm{m^3/s}$	$Z = 61\ \mathrm{m}$	发电调度
		$47.6\ \mathrm{m} \leqslant Z < 61\ \mathrm{m}$	在满足梧州站流量 2 100 m³/s 前提减少下泄流量,水库回蓄,下泄流量不小于航运基流 700 m³/s
	$Q < 2\,100\ \mathrm{m^3/s}$	$47.6\ \mathrm{m} \leqslant Z \leqslant 61\ \mathrm{m}$	加大下泄流量,满足梧州站 2 100 m³/s 压咸流量要求
非压咸时段	$Q \geqslant 1\,800\ \mathrm{m^3/s}$	$Z = 61\ \mathrm{m}$	发电调度
		$47.6\ \mathrm{m} \leqslant Z < 61\ \mathrm{m}$	在满足梧州站流量 1 800 m³/s 前提下减少下泄流量,水库回蓄,下泄流量不小于航运基流 700 m³/s
	$Q < 1\,800\ \mathrm{m^3/s}$	$47.6\ \mathrm{m} \leqslant Z \leqslant 61\ \mathrm{m}$	加大下泄流量,满足梧州站 1 800 m³/s 压咸流量要求

注:压咸时段为各月(阴历月)的二十八日至次月初四和十二日至十八日;各月(阴历月)除压咸时段外的其他时段为非压咸时段。

(1)若在各月(阴历月)的二十八日至次月初四和十二日至十八日需要压咸时期,5 测站测报的梧州站流量小于压咸流量 2 100 m³/s,大藤峡加大泄量以满足梧州站压咸流量的要求;若 5 测站测报梧州站流量大于 2 100 m³/s,且大藤峡水位低于正常蓄水位 61 m 时,大藤峡水库在满足梧州站流量大于 2 100 m³/s 的前提下减小下泄量,水库回蓄,但下泄量不小于航运基流 700 m³/s。

(2)若在每个月(阴历月)非压咸时段内,5 测站测报梧州站流量小于 1 800 m³/s,大藤峡水库加大泄量满足梧州站生态流量要求;若 5 测站测报梧州站流量大于 1 800 m³/s,且大藤峡水库水位低于正常蓄水位 61 m,大藤峡水库在满足梧州站流量大于 1 800 m³/s 的前提下减小下泄量,水库回蓄,下泄量不小于航运基流 700 m³/s。

5. 灌溉用水调度

根据灌溉补水要求,满足大藤峡灌区灌溉用水要求。

6.2　梯级水库群发电优化调度模型

6.2.1　计算方法

6.2.1.1　基本原理

根据能量守恒原理,水电站发电是将水能变成电能的过程,水能计算基本方程式为:

$$N = K \times q \times H = K \times q \times (Z_上 - Z_下 \Delta h) \tag{6-1}$$

$$E = N \times \Delta T \tag{6-2}$$

式中：K 为机组的综合效率，称为出力系数，通过机组选型后综合确定，一般大型水电站在 8.5 左右，中型水电站在 8.0 左右，小型水电站在 7.0 左右；q 为水电站的发电流量；H 为水电站净水头；$Z_上$ 为水电站水库上游水位；$Z_下$ 为水电站下游水位；Δh 为水电站水头损失；N 为水电站出力；ΔT 为时间；E 为水电站发电量。

通过水电站坝址来水、水库正常蓄水位、坝下水位并结合机组特性，计算水电站发电效益。电站效益通常用保证出力和多年平均发电量两个指标进行衡量，在规划设计时，通过将发生的长系列水文资料作为设计依据，以确定工程规模，无调节或日调节电站直接通过上述公式计算调算，年或多年调节电站常采用等流量或等出力的方法进行径流调节计算。工程建成后实际运行调度时，未来水文情势未知前提下，为合理进行水库调度，或采用水库调度图或结合中长期水文预报采用优化调度方式，以确定水库的泄放过程。

6.2.1.2　调度图

通过年内各时刻库水位来决策水库的蓄放过程，以实现满足水库供水、灌溉、航运、生态、发电等用水，发挥水库综合利用效益。以具有灌溉、发电任务年调节水库为例，说明调度线及调度区的含义（见图 6-14），通过分界调度线、防破坏线、限制供水线、防弃水线将调节库容划分为 5 个区：

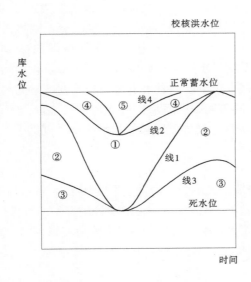

线 1—分界调度线；线 2—防破坏线；线 3—限制供水线；线 4—防弃水线。

图 6-14　调度图示意图

①区为保证供水区，发电和灌溉均按正常用水量供水。

②区为低供水区，发电（高保证率的任务）按正常用水量供水，灌溉（低保证率的任务）按正常用水量的折扣比例削减供水。

③区为限制供水区，发电和灌溉均按正常用水量的一定折扣削减供水。

④区为加大供水区,灌溉一般按正常用水量供水,发电供水量超过其正常用水量(保证出力)。

⑤区为预想出力区,灌溉一般按正常用水量供水,发电按水电站预想出力工作。

当水库承担防洪任务时,通常还有防洪调度线,相应划分防洪限制区,当水库水位落在该区时,须按照水库确定的防洪调度规则进行放水。对于综合利用水库可增加供水、生态、航运防破坏线等,考虑在调度图中依据其对水位或水量的要求绘制出有关的调度线,将水库调节库容细分为更多调度区。在绘制时,注意这些调度线与主要任务调度线的协调,并用长系列径流调节计算进行复核。

采用调度图进行水库调度时,以水库水位落在所属调度区内,按照各区规定的水量进行蓄放水操作,当出现设计枯水年时,按照保证出力和设计保证率的要求供水,保证率较低任务适当削减供水,可避免因人为操作不当而使正常供水遭遇破坏;当出现平、丰水年时,可以有效利用水量,尽量减少弃水,以增加季节性电能。既能保证水库在出现设计洪水时,水库预留足够防洪库容,使洪水安全下泄,同时又能保证汛后水库及时回蓄,满足兴利要求。

6.2.1.3　单库优化调度

动态规划是最早由数学家贝尔曼(R. Bellman)在 20 世纪 50 年代提出来的研究多段决策过程的递推最优化方法。多段决策过程,是根据时间、空间或其他特性将过程分为若干互相联系的阶段,而每个阶段必须做出决策的过程。多段决策过程的问题都可应用动态规划求解。动态规划可把复杂的高维的原问题,通过分段降维,转换为一系列较为简单的低维的子问题,经过求解一个个子问题,从而解决了原问题,这样可大大减少计算的工程量,可求解较大规模的系统。水库运行调度也是一个多阶段的问题,实际上是在满足综合利用目标的前提下,在每一个阶段要做出下泄流量或发电量的约束,各决策之间互相联系、互相制约,从而寻求不同时间段的库水位最优调度线,因水位、时段等状态变量多,存在"维数障碍"的困难,采用动态规划可以较好地解决这类问题。

1. 动态规划数学表达

1)阶段与阶段变量

动态规划作为一种多段决策的数学方法,段即为阶段,对水库调度而言,按照时间分段,则时段为阶段。需要满足无后效性要求,即本阶段发生的事件仅影响后面各阶段的时间,对其以前的阶段的时间无影响。可以用 t 代表阶段变量,决定系统中各事件发生的次序,$t=1,2,\cdots,T-1,T$,模型时段划分见图 6-15。

2)状态与状态变量

过程各阶段所处的位置称为状态,可完整描述系统在各阶段所有可能发生的状态,对于水库优化调度,每个阶段的水库水位 Z_t^i 作为状态变量,其中阶段用 $t=1,2,\cdots,T$ 表示,状态用 $i=1,2,\cdots,n$ 表示,Z_t^0、Z_t^n 分别表示时段初、末的蓄水状态,模型状态变化示意见图 6-16。

3)决策与决策变量

当某阶段的状态给定后,可以选择不同的决策,使以后各段的状态依不同的方式演变。对于水库调度而言,水库状态给定后,可以取水库的出库流量 q_t 为决策变量。

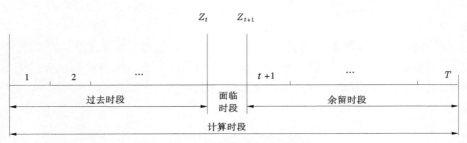

图 6-15　动态规划模型时段划分

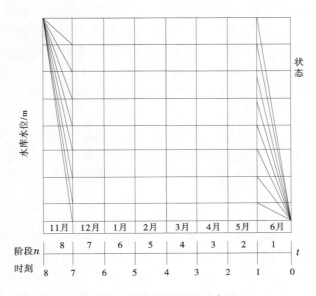

图 6-16　动态规划状态示意图

4) 状态转移规律(系统方程)

前一阶段的状态和决策决定下一阶段的状态,是联系阶段变量、状态变量和决策变量三者相互关系的方程式。水库采用水量平衡作为状态转移方程:

$$V_{t+1} = V_t + (q_{入,t} - q_{出,t}) \times \Delta t \tag{6-3}$$

$$Z_{t+1} = f(V_{t+1}) \tag{6-4}$$

式中:V_t、V_{t+1} 分别为第 t 时段初、末水库蓄水量;$q_{入,t}$ 为第 t 时段的入库流量;$q_{出,t}$ 为第 t 时段的出库流量;$Z = f(V)$ 为水位库容曲线,可转换库容与水位关系;Δt 为时段长。

5) 目标函数(递推方程)

在最优过程中,需要确定一个用来衡量实现预定任务好坏的数量指标,即目标。在发电优化调度模型中,通常以发电量最大或保证出力最大作为目标。在求解水库最优调度问题时,主要是逐阶段使用递推方程择优。如果从第 t 阶段,当起始状态为 Z_t 时的最优策略及其目标函数值 $E_t(Z_t)$ 已经求出,那么第 $t+1$ 阶段,状态 Z_{t+1} 的最优策略及目标函数为:

$$E_{t+1}(Z_{t+1}) = \max\{f(Z_{t+1}, q_{\text{入},t}, q_{\text{出},t}) + E_t(Z_t)\} \tag{6-5}$$

6）约束条件

完成某项任务的客观条件,例如水库最高水位不能超过正常蓄水位和防洪限制水位,最低水位不能低于死水位,水电站的最大决策处理不能大于装机容量和水头预想出力,水库出库流量满足供水、灌溉、生态、航运等最低要求等。

$$\left.\begin{array}{c} q_{\min} \leqslant q_{\text{出},t} \leqslant q_{\max} \\ Z_{\min} \leqslant Z_t \leqslant Z_{\max} \\ N_{\min} \leqslant N_t \leqslant N_{\max} \end{array}\right\} \tag{6-6}$$

式中:$q_{\max}$、$q_{\min}$ 分别为最大、最小下泄流量;$Z_{\max}$、$Z_{\min}$ 分别为最高(正常蓄水位或汛限水位)、最低库水位(死水位);$N_{\min}$、$N_{\max}$ 分别为最小、最大出力(装机容量或水头预想出力)。

在求解过程中,对于最小出力、最小下泄流量等约束条件作为必须泄放的硬性指标条件,采用罚函数法处理,当决策满足约束条件时,我们以计算出力来计算面临时段效益;当决策不满足约束条件时,引进惩罚系数计算面临时段效益:

$$\left.\begin{array}{c} f = (N_t - \Delta N_t) \times \Delta t \\ \Delta N_t = \alpha(y_{\text{计},t} - y_{\text{约},t})^{\gamma} \times \Delta t \end{array}\right\} \tag{6-7}$$

式中:ΔN_t 为第 t 时段惩罚量;Δt 为计算时段;α 为惩罚系数,当不满足约束条件时,$\alpha = 1$,当满足约束条件时,$\alpha = 0$;γ 为惩罚指数;$y_{\text{计},t}$ 为第 t 时段约束条件的计算值;$y_{\text{约},t}$ 为第 t 时段约束条件的约束值。

2. 模型求解

给定水电站水库初始和结束计算时段水位,一般为正常蓄水位或死水位。在式(6-5)、式(6-6)的约束性下应用式(6-3)~式(6-5)采用逆序递推逐时段计算。一般通过编制电子计算程序进行计算,从而形成单库调度最优的调度线。进而可推求每一时段的出入库流量、发电水头,根据机组特性等,可分析计算多年平均的发电及其他综合利用任务的效益。

6.2.1.4　库群优化调度

水库群优化调度与单库调度相比,具有复杂性,一方面库群由各个水库组成,每个水库的水文径流、调节性能各不相同,联合调度时可能要在各水库之间进行水文补偿和库容补偿调节,从而提供水库群的保证供水量或保证出力,提高发电的数量和质量。另一方面,库群内各个水库的开发任务各不相同,水库除发电外,还有可能承担防洪、供水、灌溉、航运等其他任务,需要考虑多目标协调各个水库的功能任务。研究库群优化调度,要通过建立水库调度过程的数学模型来进行,相对于单库动态规划,库群优化调度每步需要决策的变量不止一个,而是 k 个(k 为水库个数),计算工程也成 k 的指数倍增加。在递推推求最优解时,考虑不只是面临时段一个水库的水位的可能最优值,而是 k 中水库各种可能放水组合,会出现"维数灾"地区情况。

库群情况下递推关系的一般形式为

$$f_n^*(S_1, S_2, \cdots, S_k)_n = \max_{R_n \in \Omega}\{q_n[(R_1, R_2, \cdots, R_k)_n, (S_1, S_2, \cdots, S_k)_n] + \\ f_{n-1}^*(S_1, S_2, \cdots, S_k)_{n-1}\} \tag{6-8}$$

式中：$R_1,R_2,\cdots,R_k$ 为面临时段各库的决策放水量；$S_1,S_2,\cdots,S_k$ 为面临时段初库水位，Ω 为各水库各自的约束和可能的耦合约束集合。

1.增量动态规划

增量动态规划是针对动态规划存在维数灾问题的一种方法。此方法的一般求解步骤如下（见图6-17）：

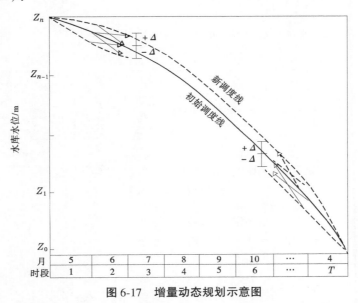

图6-17　增量动态规划示意图

（1）先根据入库径流过程在水库容许变化范围内，拟定一条符合约束条件的初始可行调度线（可行轨迹）$Z_t^0(t=1,2,\cdots,T)$，由于在不发生弃水情况下，水头的最优利用，就反映为库水位愈高愈好。因此，最优调度线的近似位置常可大致估出。

（2）以初始可行调度线为中心，在其上下各取若干个水位增量（步长）ΔZ，形成若干个离散值的策略"廊道"。

（3）在所形成的策略"廊道"范围内，利用动态规划方法顺时序向后递推求解该策略走廊范围内的最优调度线 Z_t^*。

（4）如果 $|Z_t^*-Z_t^0|>\varepsilon$，则令 $Z_t^0=Z_t^*(t=1,2,\cdots,T)$，按上述步骤（2）~（3）重新进行计算；如果 $|Z_t^*-Z_t^0|<\varepsilon$，说明对于所选步长已不能增优，应以所求调度线作为初始调度线，缩短步长继续进行优化计算，直到（步长）ΔZ 满足精度要求，此时最优调度线 Z_t^* 即为所求。

增量动态规划可大幅度节省计算工作量，例如阶段 $n=8$，状态 $k=15$，如果采用穷举法，需要计算次数为 $(n-1)k^{n-1}=11.96\times10^8$ 次，如果采用常规动态规划，计算次数为 $(n-2)k^2+k=1\,365$ 次，如果采用增量动态规划，仅需计算 $[(n-2)\times3^2+3]s=57s$，s 为迭代计算次数，当 $s=5$ 时，则为 285 次，仅为常规动态规划计算工作量的 1/5，甚至可以减少到几十分之一或更少，对于水库数量多、阶段、状态变量多的库群计算较为适用。

2.逐步优化算法（POA）

对于西江流域梯级水库群优化调度问题，拟采用逐步优化算法（POA），它是将多阶段的问题分解为多个两阶段问题，解决两阶段问题只是对所选的两阶段的决策变量进行搜索寻优,同时固定其他阶段的变量;在解决该阶段问题后再考虑下一个两阶段,将上次的结果作为下次优化的初始条件,进行寻优,如此反复循环,直到收敛。

假设梯级水电站的调度期为 1 年,计算时段为月,初始时刻为 1 月,终止时刻为 12 月,将一年离散为 T(一般为 12)个时段,梯级电站数为 N,电站序号为 $i(0 \leq i \leq N)$,则 POA 算法的计算步骤如下(见图 6-18):

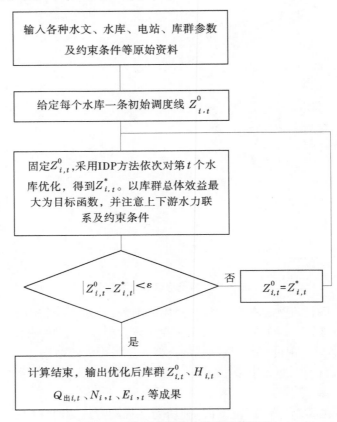

图 6-18　库群联合调度模型计算流程

(1)确定初始轨迹。利用 POA 算法来求解多阶段、多约束问题,初始决策的选取不好可能会导致迭代过程过早收敛于局部优化解的情况,而好的初始决策过程可以加快迭代收敛速度。

(2)按照水库顺序,依次对第 i 个水库寻优。固定第 0 时刻和第 2 时刻的水位 $Z_{i,0}$ 和 $Z_{i,2}$ 不变,调整第 1 时刻的水位 $Z_{i,1}$,使第 0 和 1 两时段的目标函数值最大。状态变量为各水库第 1 时刻的水位 $Z_{i,1}$;决策变量为各水库出库流量 $Q_{i,0}$ 和 $Q_{i,1}$。优化计算得各水库第 1 时刻的水位 $Z_{i,1}^*$ 和相应决策变量 $Q_{出i,0}^*$、$Q_{出i,1}^*$。这时优化后的各水库水位变为 $Z_{i,0}$、$Z_{i,1}^*,Z_{i,2},\cdots,Z_{i,T}$,相应的决策变量变为,$Q_{出i,0}^*,Q_{出i,1}^*,Q_{出i,2}^*,\cdots,Q_{出i,T}^*$。

(3)同理,按照电站顺序,依次对第 i 个电站下一时刻进行寻优。固定第 1 时刻和第 3 时刻的水位 $Z_{i,1}^*$ 和 $Z_{i,3}$ 保持不变,调整第 2 时刻的水位 $Z_{i,2}$,使第 1 和 2 两时段的目标函数值最大,优化计算得各水库第 2 时刻的水位 $Z_{i,2}^*$ 和相应决策变量 $Q_{出i,1}^*$ 和 $Q_{出i,2}^*$。这时优化后的各水库水位变为 $Z_{i,0},Z_{i,1}^*,Z_{i,2}^*,\cdots,Z_{i,T}$,相应的决策变量变为 $Q_{出i,0}^*,Q_{出i,1}^*$,$Q_{出i,2}^*,\cdots,Q_{出i,T}^*$。

(4)重复步骤(3),直到终止时刻(第 T 时刻)。从而得到初始条件和约束条件下的梯级各水库水位过程线、出库流量过程和梯级总电量。

(5)以前次求得的各水库过程线为初始轨迹,重新回到第(2)步。直到相邻两次迭代求得的目标函数值增量达到预先指定的精度要求。

6.2.2　西江梯级水库群优化调度模型

天生桥一级、龙滩、光照、大藤峡为流域骨干梯级,具有综合利用任务。天生桥一级水库具有发电、航运、水资源配置任务,龙滩具有发电、防洪、航运、水资源配置任务,光照水库具有发电、航运等任务,大藤峡水库具有防洪、航运、发电、补水压咸、灌溉等任务。以梯级水库群总体效益最大为目标,在优先满足防洪、生态、航运、水资源配置等社会、生态目标前提下,进一步优化发电效益,通过水库库群优化调度模型实现生态调度、水资源调度、电量调度等的耦合。梯级水库群联合调度模型节点示意图见图 6-19。

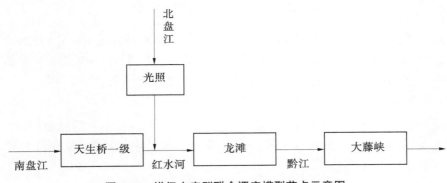

图 6-19　梯级水库群联合调度模型节点示意图

因大藤峡水利枢纽仅具有日调节能力,调节能力较小,优化调度方案主要针对上游调节能力较强的天生桥一级、光照和龙滩 3 个枢纽。为分析不同调度方案效果,研究采用常规调度图、单库优化调度和库群优化调度 3 种方案。

(1)常规调度图法。天生桥一级、光照、龙滩水电站目前分别采用如图 6-6、图 6-9、图 6-12 所示的调度进行操作,上游来水经水库调节后,与区间入流相加后,作为下一级水库坝址入库流量,直至计算到大藤峡水利枢纽断面。年调节以上的天生桥一级、光照、龙滩等水库按长系列逐月资料计算其多年平均发电量、保证出力等电能指标,日调节的大藤峡水库按长系列逐日资料计算多年平均发电量、保证出力等电能指标,统计分析其他任务情况,综合研究水库群综合利用效益。

(2)单库优化调度法。计算过程与常规调度图基本类似,但天生桥一级、光照、龙滩水电站分别在各自水电站自身综合利用效益最大前提下,采用动态规划寻求各个水库最优调度线,经长系列计算,研究并分析综合利用效益指标。

　　（3）库群优化调度法。将天生桥一级、光照、龙滩水电站作为整体,以流域上下游梯级作为整体统筹研究,考虑水库库容和水量补偿的综合效益,采用增量动态规划和逐步优化算法求解库群优化调度模型,从而确定每个水库最优调度线,经长系列计算,研究并统计库群综合利用效益。

6.2.2.1　目标函数

　　以社会、生态、经济的综合效益最大化为目标的水库群多目标的目标函数为

$$\max F = \max(E_2 + E_3 - \gamma \times E_1) \tag{6-9}$$

式中:E_2 为防洪、航运、供水、灌溉等社会效益;E_3 为发电效益;$\gamma \times E_1$ 为生态流量破坏所减少的生态效益。对于生态不是十分敏感地区,γ 为通过对流域进行综合分析得到的补偿系数;对于生态敏感地区,$\gamma = 0$,并将生态流量作为限制条件对调度进行控制。

　　针对流域特点,在确保防洪安全的前提下,发电调度服从水资源调度,水资源调度服从生态调度,因防洪、航运、生态、水资源、补水压咸等目标为基本限制条件,故采用罚函数约束法进行处理,水库群多目标模型可转换为:在优先满足流域防洪、航运、生态、水资源、补水压咸等要求的前提下,进一步优化发电效益,则式（6-9）可转换为

$$\max E = \sum_{i=1}^{N} \sum_{t=T_0}^{T} N_{it}(q_{it}, H_{it}) \times \Delta t \tag{6-10}$$

式中:N 为梯级个数;T_0 为起调时序;T 为调度期末时序;$N_{it}(q_{it}, H_{it})$ 为第 i 座梯级第 t 时段的发电出力;q_{it} 为第 i 座梯级第 t 时段的发电流量;H_{it} 为第 i 座梯级第 t 时段的平均水头;Δt 为时段长,以小时为单位,本次优化调度模型以月为计算时段。

6.2.2.2　约束条件

　　考虑水量平衡约束、水位约束（汛期不超过汛期水位）、水库下泄流量约束（生态流量、航运基流、枯期压咸补淡、防洪安全泄量流量等）、电站出力约束（保证出力）、下游航运水位变幅、非负条件约束等。

　　1. 最小负荷约束

　　梯级联合调度不仅要求发电量最大,而且也要满足电力系统的稳定性,即电力系统对电站的最小负荷要求。

$$N_{it} \geq N_{it,\min} \tag{6-11}$$

式中:N_{it} 为第 i 梯级第 t 时段的计算出力;$N_{it,\min}$ 为第 t 时段电网对梯级的最小负荷要求。

　　2. 水轮机预想出力与装机容量约束

　　在现实情况中,发电水头不会大于设计水头,水轮机只能以机组的预想出力 $N(H)$ 发电,同时水电站的出力也要受到装机容量的限制,以各水电站的出力限制曲线为计算依据。

$$N_{it} \leq \min\{N(H_{it}), NY_i\} \tag{6-12}$$

式中:$N(H_{it})$ 为第 i 电站第 t 时段预想出力;NY_i 为第 i 电站装机容量。

　　3. 上、下限水位约束

$$Z_{it,\min} \leqslant Z_{it} \leqslant N_{it,\max} \tag{6-13}$$

式中: Z_{it} 为第 i 梯级第 t 时刻实际水位; $Z_{it,\min}$ 为第 i 梯级第 t 时刻允许下限水位, 一般为死水位, 天生桥一级、光照、龙滩水电站的死水位分别为 731 m、691 m、330 m; $Z_{it,\max}$ 为第 i 梯级第 t 时刻允许上限水位一般为正常蓄水位(汛期不超过汛限水位)。

天生桥一级水电站正常蓄水位 780 m, 主汛期 5 月 20 日至 9 月 10 日电站水库水位控制在防洪限制水位 773.1 m 运行, 后汛期 9 月 10 日以后水库水位可蓄至正常蓄水位 780 m 运行; 光照水电站不承担防洪任务, 正常蓄水位为 745 m; 龙滩水电站现状按照一期水位运行, 正常蓄水位 375 m, 主汛期 5 月 1 日至 7 月 15 日预留 30 亿 m³ 防洪库容, 汛限水位 359.31 m, 后汛期 7 月 16 日至 8 月 31 日预留 30 亿 m³ 防洪库容, 汛限水位 365.91 m。

4. 流量约束

$$Q_{it,\min} \leqslant Q_{it} \leqslant Q_{it,\max} \tag{6-14}$$

式中: Q_{it} 为第 i 梯级第 t 时段实际出库流量; $Q_{it,\min}$ 为第 i 梯级第 t 时段允许最小出库流量, 以满足生态、航运、枯期压咸补淡、水资源等其他需水要求的流量要求。

根据西江流域水量分配方案、大藤峡水利枢纽工程初步设计报告等相关要求, 天峨站最小下泄流量为 404 m³/s, 龙滩断面以满足天峨站最小下泄流量控制, 并满足枯水期西江压咸的最小流量库容条件。黔江航道最小通航流量为 700 m³/s、大藤峡水库最小生态流量 600 m³/s, 取二者外包, 以 700 m³/s 作为最小下泄流量, 此外还应满足生态敏感期、西江枯水期压咸下泄流量、大藤峡灌区灌溉供水等需求。其他未有明确最小下泄流量控制的水电站, 以多年平均 10% 的生态基流作为最小出库流量控制条件。$Q_{it,\max}$ 为第 i 梯级第 t 时段允许最大出库流量。

5. 调度期末水位约束

$$Z_{ie} = Z_{ie}^* \tag{6-15}$$

式中: Z_{ie} 为第 i 梯级调度期末的计算水位; Z_{ie}^* 为第 i 梯级调度期末的控制水位。

6. 水量平衡约束

水量平衡原理是水利计算的基础, 是必须遵循的基本原则。

$$V_{i,t} = V_{i,t-1} + Q_{i,t} - q_{i,t} - J_{i,t} - S_{i,t} - Q_{gi,t} \tag{6-16}$$

式中: $V_{i,t}$、$V_{i,t-1}$ 分别为第 i 梯级第 t 时段末和时段初的水库蓄水量; $Q_{i,t}$ 为第 i 梯级第 t 时段的入库流量; $q_{i,t}$ 为第 i 梯级第 t 时段的发电流量; $J_{i,t}$ 为第 i 梯级第 t 时段的弃水量; $S_{i,t}$ 为第 i 梯级第 t 时段的水量损失; $Q_{gi,t}$ 为第 i 梯级第 t 时段的供水、灌溉流量等。

7. 上下游水力联系

梯级水库之间的水力联系的主要内容是流量联系, 即上游梯级的下泄流量加上、下游梯级之间的区间流量成为下游梯级的来水。

$$q_{i,t} = Q_{i-1,t} + S_{i-1,t} + q_{i-1,i,t} \tag{6-17}$$

式中: $q_{i-1,i,t}$ 为第 $i-1$ 个水库与第 i 个水库间在第 t 时段的区间来水流量, m³/s。

8. 非负条件约束

上述所有变量均为非负变量(大于或等于 0)。

6.2.2.3　求解方法

根据 6.2.1.4 库群优化调度, 西江流域梯级水库单库优化采用动态规划算法求解。

对于西江流域梯级水库群优化调度问题,采用基于增量动态规划的逐步优化算法(POA)进行求解。

6.3　库群优化调度分析

本次计算入库径流采用 1959 年 5 月至 2009 年 4 月共 50 年长系列资料,具有年调节以上性能梯级(天生桥一级、光照、龙滩)计算时段为月,大藤峡梯级计算时段为日。在满足流域防洪、航运、生态、水资源、补水压咸等任务的基础上,常规调度对各个水库分别通过调度图进行长系列调节计算;单库优化调度对各水库逐个优化进行长系列调节计算;库群优化调度同时考虑发电量和发电的质量(保证出力),以上、下游梯级整体效益最大为目标进行联合调节。

经计算,各方案各梯级水库满足汛期防洪限制水位的要求,下泄流量满足生态、航运基流、补水压咸等水资源配置流量的要求。分析范围内西江流域骨干梯级水库设计、常规调度、单库和库群优化调度多年平均发电量分别为 296.76 亿 kW·h、301.62 亿 kW·h、301.89 亿 kW·h,保证出力分别为 221.19 万 kW、228.80 万 kW、229.75 万 kW。不同方案电能指标见表 6-4、表 6-5 和图 6-20~图 6-27。

表 6-4　西江主要骨干水库多年平均发电量对比

名称	调度图/ (亿 kW·h)	单库优化调度/ (亿 kW·h)	库群优化调度/ (亿 kW·h)	差值/%		
				单库优化 与调度图	库群优化 与调度图	库群优化与 单库优化
天生桥一级	51.77	54.84	54.54	5.93	5.34	−0.54
光照	26.77	26.97	26.94	0.75	0.65	−0.10
龙滩	152.10	153.65	154.22	1.02	1.40	0.37
大藤峡	66.12	66.155	66.190	0.05	0.11	0.05
合计	296.76	301.615	301.89	1.64	1.73	0.09

表 6-5　西江主要骨干水库保证出力对比

名称	调度图/ 万 kW	单库优化调度/ 万 kW	库群优化调度/ 万 kW	差值/%		
				单库优化 与调度图	库群优化 与调度图	库群优化 与单库优化
天生桥一级	41.88	41.88	42.15	0	0.65	0.65
光照	18.02	18.23	18.42	1.17	2.24	1.06
龙滩	123.40	130.56	130.82	5.80	6.01	0.20
大藤峡	37.89	38.13	38.36	0.62	1.24	0.62
合计	221.19	228.80	229.75	3.44	3.87	0.42

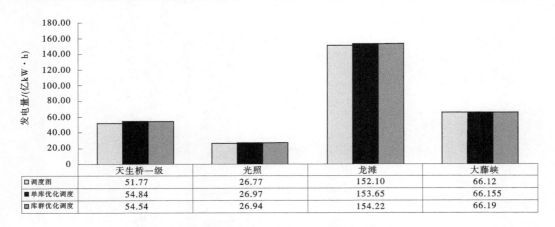

图 6-20　西江主要骨干水库多年平均发电量对比

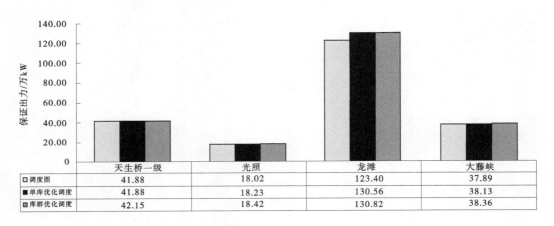

图 6-21　西江主要骨干水库保证出力对比

6.3.1　常规调度图与优化调度

经本次复核,延长水文资料后的天生桥一级水电站多年平均流量与原设计的基本一致,本次多年平均发电量为 51.77 亿 kW·h,电站原设计多年平均发电量为 52.26 亿 kW·h,本次计算与原设计相差 0.49 亿 kW·h(0.94%),相差较小,说明本次研究复核后成果是可靠的;延长水文资料后的光照水电站多年平均流量 254 m³/s,原设计多年平均流量 257 m³/s,延长后长系列的来水较原设计减少 1.16%,本次计算多年平均发电量为 26.77 亿 kW·h,较原设计多年平均发电量 27.54 亿 kW·h 减少 0.77 亿 kW·h(2.79%);延长水文资料后的龙滩水电站多年平均流量 1 580 m³/s,原设计多年平均流量 1 640 m³/s,延长后的长系列来水较多年平均减少 3.65%,本次计算多年平均发电量为 152.10 亿 kW·h,较原设计多年平均发电量 156.70 亿 kW·h 减少 4.6 亿 kW·h(2.94%),光照和龙滩水电站因设计阶段采用系列较短,本次采用 50 年长系列水文资料,坝址来水更具有代表性,来水差异幅度与发电量差异幅度基本相当,说明本次复核成果是

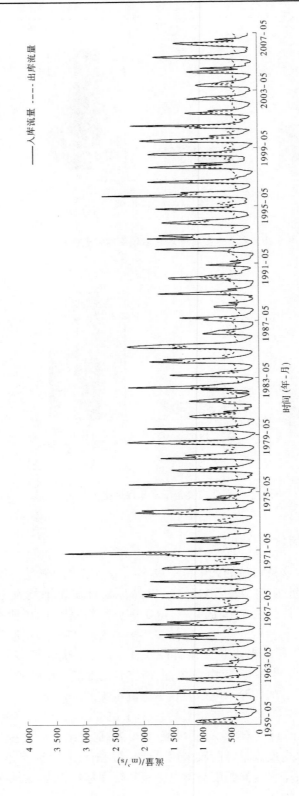

图 6-22　梯级水库群发电优化调度——天生桥一级水电站出入库流量示意图

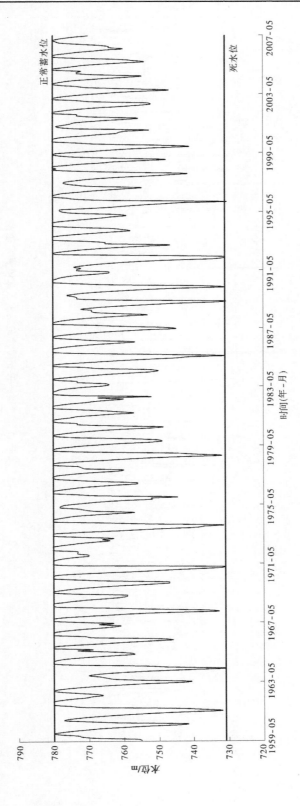

图 6-23　梯级水库群发电优化调度——天生桥一级水电站调度库水位示意图

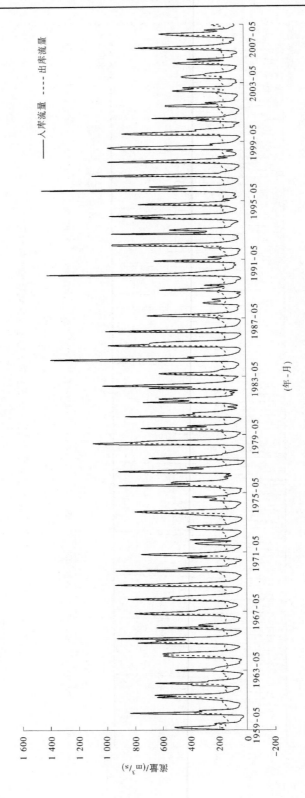

图 6-24　梯级水库群发电优化调度——光照水电站出入库流量示意图

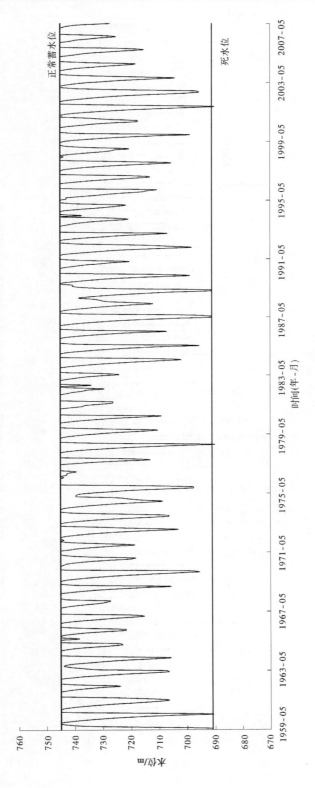

图 6-25　梯级水库群发电优化调度——光照水电站调度库水位示意图

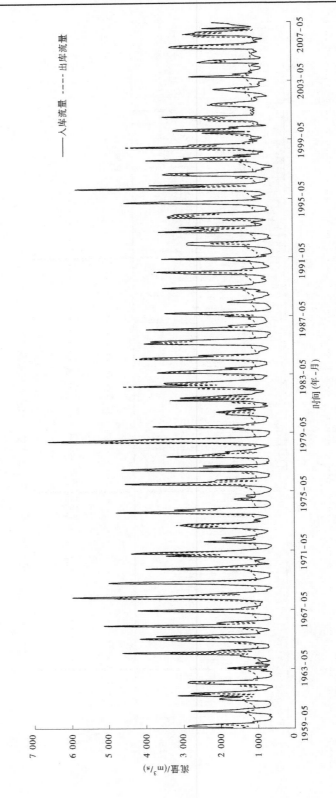

图 6-26　梯级水库群发电优化调度——龙滩水电站调度库出入库流量示意图

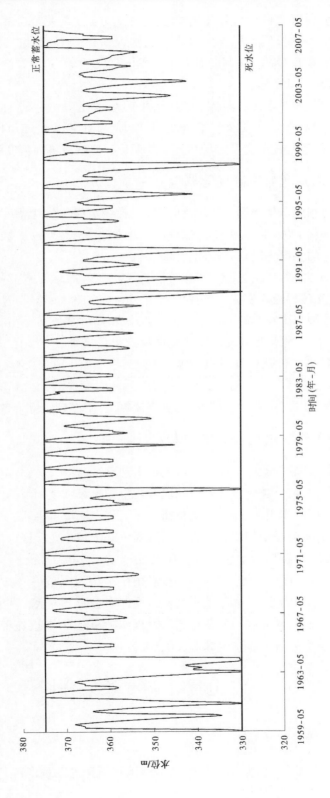

图 6-27　梯级水库群发电优化调度——龙滩水电站调度库水位示意图

合适的。大藤峡水利枢纽设计阶段未考虑预报预泄方案,多年平均发电量为 60.55 亿 kW·h,考虑枢纽本身预报预泄方案后,经本次优化后多年平均发电量为 66.12 亿 kW·h,在此基础上进一步考虑库群优化调度后大藤峡发电优化的潜力。因此,采用常规调度方案的调算成果是合适、可靠的。

与常规调度图发电相比较,单库、库群优化调度发电量分别增加 4.86 亿 kW·h(1.64%)、5.13 亿 kW·h(1.73%),保证出力增加 7.61 万 kW(3.44%)、8.56 万 kW(3.87%),优化调度较常规调度发电量和发电的保证程度均有不同程度的提高。

6.3.2　单库优化调度与库群优化调度

通过单库优化和库群优化调度比较,西江流域梯级水库群优化调度较单库优化调度发电量增加 0.275 亿 kW·h(0.09%),保证出力增加 0.95 万 kW(0.42%),考虑库群优化后发电量和发电的保证程度均有不同程度提高。

天生桥一级、光照、龙滩梯级调节库容分别为 57.96 亿 m^3、20.37 亿 m^3、111.5 亿 m^3,上游天生桥一级、光照梯级可发挥库容补偿作用,天一、光照水库群联合调度虽较单库调节各梯级发电量分别减少 0.54%、0.10%,但可减少龙滩、大藤峡等下游梯级的弃水量,考虑库群优化调度后,龙滩水电站较单库优化调度发电量增加 0.572 亿 kW·h(0.37%),大藤峡水利枢纽较单库优化调度发电量增加 0.035 亿 kW·h(0.05%)。库群联合调度以上、下游梯级作为整体进行优化,充分发挥水库群之间库群的径流和库容补偿作用,实现生态调度、水资源调度、电量调度的耦合,发挥流域上、下游梯级综合效益最优。

6.3.3　大藤峡水利枢纽发电优化潜力

因龙滩以上集水面积为 98 500 km^2,占大藤峡水利枢纽的 49.6%,龙滩—大藤峡区间均为无调节或日调节梯级,大藤峡设计发电量已考虑上游梯级常规调度的调节作用,进一步发挥库群优化调度后的作用,大藤峡水利枢纽多年平均发电量可由 66.12 亿 kW·h 提高到 66.19 亿 kW·h,发电量增加潜力为 0.07 亿 kW·h(0.11%),保证出力由 37.89 万 kW 提高到 38.36 万 kW,保证出力增加潜力为 0.47 万 kW(1.24%),无论是发电数量还是质量都有一定量增加,具有一定的经济效益。但是由于上游天生桥一级、光照、龙滩等骨干梯级运行管理隶属不同的业主,大藤峡水利枢纽坝址来水受上游水库调节的影响,建议今后进一步协调多方关系,建立统一的联合调度管理体制和保障措施,充分发挥西江流域水库群的综合效益,从而实现流域水资源最优配置。

6.4　发电优化调度效果分析

6.4.1　水资源配置

西江流域梯级水库中,龙滩、大藤峡水利枢纽承担下游的水资源配置任务,库群优化调度优先满足下游最小下泄流量,满足了水资源配置要求。实施库群优化调度后,电站群的保证出力增加了3.87%,相应略增加枯水期的下泄水量,间接有利于保障下游用户枯水期的用水安全。

6.4.2　灌溉

西江流域梯级水库中,仅大藤峡水利枢纽承担大藤峡灌区的灌溉任务,优化调度优先满足灌溉用水量,其他梯级枢纽调度运行过程中,抬高了坝前水位,有利于两岸农田灌溉自流引水或降低提水扬程。

6.4.3　发电

采用1959—2009年共50年长系列资料,通过建立天生桥一级、光照、龙滩、大藤峡库群调度模型进行优化调度计算,库群联合调度4库合计多年平均发电量301.89亿kW·h,常规调度图多年平均发电量296.76亿kW·h,库群优化调度较常规调度多年平均增发电量5.130亿kW·h(1.73%),在具有一定经济效益的同时,增加了清洁能源供应量,经测算,年均节约标煤18.86万t,减少向大气排放粉尘约0.52万t、CO_2约50.52万t、SO_2约1.47万t、CO约1.05万t、碳氢化合物约1.36万t、灰渣约2.09万t,具有较好的节能减排效益,对实现碳达峰、碳中和的"双碳"目标有一定促进作用。

6.5　发电优化调度影响分析

6.5.1　防洪

西江梯级水库群中,龙滩、大藤峡水利枢纽承担流域的防洪任务,库群优化调度优先满足流域的防洪要求,在调度过程中,各梯级库水位均不超规定的汛限水位,汛期仍按照水库所承担的防洪任务和防洪调度原则进行防洪调度,因此采用梯级水库群优化调度方案对流域防洪没有影响。

6.5.2　航运

《大藤峡水利枢纽工程初步设计报告》确定黔江航道最小通航流量为700 m^3/s,西江流域梯级水库群发电优化调度基本原则为优先满足下泄航运基流,库群优化调度不会对航运造成影响。经优化调度,枯期下泄流量略有增加,有利于下游通航,此外,水库壅高水位,渠化航道,有利于改善通航条件。

6.5.3　生态

根据国家发展和改革委员会、水利部《关于西江流域水量分配方案的批复》(发改农经〔2020〕1270号),西江天生桥断面最小下泄流量为98.7 m^3/s,天峨站最小下泄流量为

404 m³/s。《大藤峡水利枢纽工程初步设计报告》确定坝址最小生态流量为 660 m³/s,西江梯级水库群发电优化调度基本原则为优先满足下游生态流量,经调度后均满足各梯级、流域断面月均最小下泄流量保证率为 90% 的要求。此外,大藤峡水利枢纽根据鱼类产卵敏感期生态要求,每年 4—7 月,当入库流量大于 3 000 m³/s 时,除满足防洪与控制淹没或生态调度要求外,电站不承担调峰任务,水库按来水下泄,不改变天然来水过程;4 月水库最高运行水位不超过 59.6 m;在鱼类产卵期流域无明显洪水时,进行水库生态过程调度,以创造满足鱼类产卵的生态需水过程,以满足鱼类繁殖期水量调度要求。

综上所述,采用梯级水库群发电优化调度对防洪、库区淹没、航运、生态等调度没有影响,满足流域防洪、库区淹没、航运、生态等多项任务要求,并可增加清洁能源利用量,有利于发挥西江水库群综合利用效益。

6.6　本章小节

本章从流域整体角度统筹考虑,建立了天生桥一级、光照、龙滩水电站库群优化调度模型,采用 POA 算法对模型求解,分析研究了西江水库群调度对大藤峡水利枢纽发电影响,主要得到了以下结论:

(1)大藤峡坝址以上南盘江天生桥一级水电站调节库容 57.96 亿 m³,库容系数 30%,水库具有不完全多年调节性能;北盘江光照水电站调节库容 20.37 亿 m³,库容系数 25%,水库具有不完全多年调节性能;红水河龙滩水电站调节库容 111.5 亿 m³,库容系数 22%,水库具有年调节性能,其余平班、岩滩、大化、百龙滩、乐滩、桥巩等水电站仅具有日调节或无调节性能。天生桥一级、光照、龙滩 3 个梯级电站合计调节库容 189.33 亿 m³,占大藤峡水利枢纽来水量的 14.6%,上游 3 梯级电站调节库容较大,对大藤峡坝址来水具有一定的水文补偿作用,因此基于西江水库群联合调度,优化大藤峡水利枢纽发电等综合利用效益是有必要的。

(2)通过常规调度图、单库优化调度、库群优化调度多方案研究分析表明,采用现状常规调度图 4 库群多年平均发电量为 296.76 亿 kW·h,保证出力为 221.19 万 kW;单库优化调度多年平均发电量为 301.615 亿 kW·h,保证出力为 228.80 万 kW;库群优化调度多年平均发电量为 301.89 亿 kW·h,保证出力为 229.75 万 kW,库群优化调度较现状调度图电量增加 5.13 亿 kW·h(1.73%),保证出力增加 8.56 万 kW(3.87%)。库群优化调度将西江流域水库群作为整体考虑,增加了水库群整体综合利用效益。就大藤峡水利枢纽而言,考虑上游水库群优化调度后发电量增加 0.07 亿 kW·h(0.11%),保证出力增加 0.47 万 kW(1.24%),无论发电量,还是发电质量均有一定的增加。

(3)采用库群优化调度提高水库利用水头,减少水库弃水量,增加枯水期下泄水量,有利于下游水资源配置任务实现,并满足保证枯水期用水等要求;库群优化调度遵循在确保防洪安全的前提下,发电调度服从水资源调度,水资源调度服从生态调度原则。不同分期的调度水位上限严格按照汛限水位要求执行,优先满足供水、灌溉供水等要求,最小下泄流量严格按照航运、生态等要求执行,不会对防洪、水资源配置、航运、生态造成影响。增加发电量相应可节约标煤,减少粉尘、CO_2、SO_2、CO、碳氢化合物、灰渣等的排放量,具有较好的节能减排的效益。

(4)库群优化调度可发挥梯级水库群综合利用效益,但天生桥一级、光照、龙滩、大藤峡水利枢纽分属不同的管理单位,建议研究流域上、下游统一管理协调机制,充分发挥西江流域水库群的综合效益,实现流域水资源最优配置。

第7章　发电优化调度风险分析及应对措施

　　目前,水库优化调度经历了从单库单目标优化调度到多库多目标梯级联合调度的发展,相关的理论和方法均已较为成熟,许多水电站水库也已建立起完善的水调自动化系统。随着大藤峡水库等大型水利枢纽工程的建成投产,西江流域梯级水库群逐渐形成,并在流域防洪减灾、水资源调配、发电等方面发挥重要作用。在追求发电、供水、灌溉、航运以及生态等方面效益的同时,各调度方案和决策的背后不可避免地存在各种风险问题。因此,对水电站水库发电优化调度中的风险进行分析,并做出相应的风险管理办法和应对措施,对调度过程中的风险进行有效控制,尽可能避免风险的发生或将风险损失和后果降到最低,在确保安全的前提下,努力发挥水电站水库的综合效益,提高水资源利用率。

7.1　发电优化调度风险分析

7.1.1　风险因子

　　水电站水库发电优化调度是根据所承担的任务目标要求对入库径流进行再分配的过程。发电优化调度风险是指在实际调度运行过程中不利事件发生的概率及其严重程度的度量。风险是客观存在的,不受设计、管理以及决策人员的控制,随时随地都有可能发生;风险与利益相互对立,在发电优化调度过程中,以发电收益最大作为目标函数,在获得更多经济利益的同时,也必须承担相应的安全风险。风险源于事件的不确定性,由于现有技术方法无法对其进行准确预测,所以风险的存在在所难免。

　　由于天然水文循环过程和人类社会活动中存在大量不确定性,包括客观不确定性和人为主观不确定性,人们无法准确预测未来,从而使得实际发生结果往往出乎人们意料,即具有一定风险。水库调度的本质特征就是不确定性。在水电站水库发电优化调度中,存在许多不确定性因子,这些不确定性因子来源于调度过程的各个环节,包括水文、水力、工程、社会经济和管理等方面,这些不确定性又导致了水电站水库发电优化调度决策过程的不确定性,从而产生调度风险。引起水电站水库发电优化调度风险的不确定性因素众多,且这些因素相互之间关系复杂,在实际调度运行过程中难以全面考虑,目前有关调度风险研究主要集中在其中某一个或几个方面进行。

7.1.1.1　水文不确定性

　　水文事件如降雨、径流等本身是一种复杂、随机、不确定的过程,所以在水利工程设计、施工和管理等阶段涉及的水文特征值同样具有不确定性。除了水文现象客观不确定性,在处理暴雨时空分布、流域产汇流过程中,由于人们对水文现象认识的有限性以及水文模型等的局限性,在推求水库坝址设计洪水计算中每一步均存在主观不确定性。而且各水文要素在测量、传输和记录过程中受仪器本身、测量方法以及工作人员素质等因素影响。

入库流量是水库调度最重要的输入。径流预报可以对未来一段时间水文变化情况做出定性和定量的判断,在防洪、发电和提高水资源利用等方面发挥重要的意义。径流本身的不确定性又使得入库流量预报中存在不确定性。径流预报是否准确可靠对水库优化调度起着决定性作用,直接关系水电站水库的安全和效益。对单个水库,入库流量预报直接影响该水库的调度运行过程,而对梯级水电站水库群联合调度,水库间复杂的水力、电力联系会使得各水库径流预报误差相互叠加,而且上游水库的拦蓄和调节作用使得天然径流过程发生改变,区间降雨径流过程及上游水库下泄给入库流量的预测带来了更大的不确定性,对整个流域产生严重的影响。

7.1.1.2　水力不确定性

水库的水位库容关系、尾水位下泄流量关系等特性曲线,在原设计阶段受测量和计算方法等的限制,难以反映流域真实情况,且随着水电站水库长期运行受泥沙淤积和冲淤变化,若不及时对特性曲线进行复核,这些变化引起的偏差在水库调节计算中将会对结果造成不确定的影响,进而影响调度决策方案,威胁水电站水库安全。

7.1.1.3　工程不确定性

水利工程各部分在调度运行过程中存在各种不确定性因素,例如坝体的渗漏、发电机组故障、泄水建筑物损坏等,均会对发电优化调度产生不利的影响。由于不确定性因素的存在,对挡、泄水建筑物等设施安全运行的要求更加严格。日常监测与维护中,若未能及时地发现、分析并消除安全隐患,一旦失事则会危及大坝库区以及整个下游地区的安全。

7.1.1.4　社会经济不确定性

随着人口的快速增长和社会经济的发展,加之极端水文事件频发,水电站水库在社会经济中承担的责任越来越重。而且,受相关政策制度、流域规划的调整,水库所担负的任务也随之发生变化,这些改变对水电站水库提出了新的挑战。水电站水库角色的改变,需对调度规则等进行重新调整,其所面临的风险也将随之改变。随着电力市场化改革,水电发展必然要经历走向市场参与竞价上网的过程。在市场环境下,电力行业形成了多产权利益主体格局,水电作为一种商品,也服从相应的市场规律。发电企业在签订长期供电合同时,主要以长期径流与电价的预测结果为依据,但由于受中长期预测水平的限制,径流与电价的预测结果存在不确定性,从而给水电站水库长期发电优化调度带来不确定性,进而导致合同履行期内的发电量存在不确定性。

7.1.1.5　管理不确定性

在实际调度运行期间,工作人员的操作管理水平具有不确定性。在收到雨洪预报信息后,制订防洪调度方案、上报决策、方案实施过程中消耗时间的长短,分析判断预报信息是否准确的能力大小,以及决策者个人喜好和经验等主观因素存在的不确定性,可能会影响调度方案的实施,从而引发风险。

7.1.2　汛限水位动态控制风险

汛限水位是水库汛期为了迎接设计洪水而设置的起调水位,是协调水库安全与兴利之间矛盾的关键点。我国现阶段绝大多数水库采用静态方式对汛限水位进行控制,该方式以水库防洪安全为重,严格控制库水位在汛限水位以下运行,从而预留足够的防洪库容应对可能发生的设计洪水和校核洪水,但设计洪水发生概率较小,所以常常在汛前为控制水位以免产生大量弃水,造成洪水资源浪费,不利于水库的兴利调度。因此,如何在风险可控的范围内,尽可能将汛限水位抬高成为挖掘水库的调蓄潜能、实现洪水资源化的重点。

针对上述问题,为了实现洪水资源化,满足可持续发展要求,很多专家学者对汛限水位动态控制进行了相应的研究,即在确保水库防洪安全的前提下,利用现有的天气预报和洪水预报技术,确定在一定预见期内汛限水位的上下控制约束,优化水库汛期调度运行,合理分配水库防洪与兴利库容。

汛限水位动态控制依赖降雨以及洪水预报等预报信息的准确性和可靠性,同时对泄水建筑的控泄能力要求更高。由于预报误差的存在,汛限水位动态控制面临更大的风险,是一种风险调度。汛限水位动态控制风险主要来源于以下三个方面:①在不同预见期内,气象部门的降雨预报值、降雨发生的时间以及空间上的误差;②洪水预报过程中洪峰、洪量及峰现时间产生的误差;③历史的降雨资料统计产生的相关误差等。

汛限水位的高低关系到水库汛期调洪过程中坝前运行水位的高低,关系到水库及上下游防洪风险的大小,关系到水库所承担的防洪和兴利任务。汛限水位设置过高则会导致防洪风险,反之则会导致兴利风险,防洪风险主要包括水库溃坝风险、水库应急泄洪风险及上游地区淹没风险等。

(1)水库溃坝风险。若在水库汛限水位动态控制运行中,预报信息不准确或操作失误导致溃坝,则会给下游地区人民生命财产安全造成极其严重的破坏性损失,因此该风险作为汛限水位动态控制的首要考虑因素,必须严格控制,避免溃坝风险发生。

(2)水库应急泄洪风险。若降雨和洪水预报信息不准确,据此进行预泄水库蓄水,这就很有可能造成水库应急泄洪,而且受水库泄洪能力限制,大坝本身和下游保护对象被破坏的风险增加。

(3)上游地区淹没风险。汛限水位动态控制中不可避免地将抬高水位运行,水库水位上升在淹没上游河滩的同时,水库回水长度也变长,对上游河道洪水产生顶托作用,阻碍上游泄洪,增加上游地区淹没风险。

(4)水库兴利风险。若预报入库流量过大,水库为了防洪安全进行泄水,而后期无法及时蓄回,水库运行水位偏低,虽然能够保证防洪安全,但会造成大量弃水,浪费宝贵的水资源,而且汛后往往来水又较少,则会使得汛末水库水位无法蓄至正常蓄水位,导致水库常年低水位运行,影响枯水期正常供水、灌溉、发电和通航等,甚至影响河道正常生态需水,尤其是北方地区的水库,汛期以后的来水量明显减少,所以汛后往往很难再蓄上水,库水位低于正常蓄水位,严重影响水库的兴利,造成水库调度中防洪与兴利的矛盾。

基于预报预泄的水库汛期水位动态控制的实质,是利用洪水尾水实现超原设计汛限水位蓄水,关键问题是分析实时增蓄水量的大小。增蓄水量在上一场洪水退水段形成,其消落有兴利预泄与防洪预泄两种方式。如果增蓄后无雨期很长,则增蓄的水量可以通过兴利预泄消落,在兴利预泄来不及时,可通过防洪预泄消落。大藤峡预泄调度方案在满足防洪、库区淹没、航运、生态等调度要求的前提下,能够增加发电量、提高发电效益。但是,预泄调度方案需根据水情预报方案在进入洪水调度前将坝前水位降至防洪起调水位,腾空库容 7.6 亿~10 亿 m³,并且在腾空和回蓄库容过程中不能突破库区淹没线,也不能影响下游航运,这对水情预报方案的精度要求较高,存在一定的风险。

7.1.3　汛限水位动态控制风险分析

7.1.3.1　研究方法

汛限水位动态控制风险分析方法有基于实际调度运行情况调查的评估方法、定性分析方法、定量分析方法以及多种方法综合分析等。由于水文变量大多遵循 Pesrson-Ⅲ 型分布,且洪水预报精度对水库汛限水位动态控制具有决定性作用,因此,采用 Pesrson-Ⅲ型分布形式对水库汛限水位动态控制过程中的风险概率进行计算分析。

Pesrson-Ⅲ型分布曲线呈峰值偏左、一端无限延伸的单峰形式,其概率密度公式如式(7-1)所示:

$$f(x) = \frac{\beta^{\alpha}}{\Gamma(\alpha)}(x - \alpha_0)^{\alpha-1} e^{-\beta(x-\alpha_0)} \tag{7-1}$$

式中:$\Gamma(\alpha)$ 为 α 的伽马函数;α、β、α_0 为函数参数。

显然,当函数三个参数 α、β、α_0 确定后,Pesrson-Ⅲ型曲线概率密度函数(见图 7-1)随之确定。经推理论证,这 3 个参数与水文变量总体的统计参数 $\bar{x}$、C_v、C_s 存在下列关系:

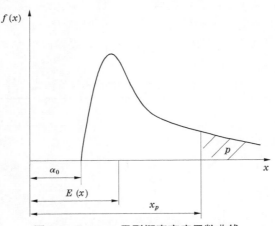

图 7-1　Pesrson-Ⅲ型概率密度函数曲线

$$\left.\begin{array}{l} \alpha = \dfrac{4}{C_s^2} \\[2mm] \beta = \dfrac{2}{\bar{x} C_v C_s} \\[2mm] \alpha_0 = \bar{x}\left(1 - \dfrac{2C_v}{C_s}\right) \end{array}\right\} \tag{7-2}$$

式中:$\bar{x}$ 为水文随机变量均值;C_v 为变差系数,反映序列的离散程度;C_s 为偏态系数,反映系列在均值两侧的对称程度。

一般需要根据指定频率 p 计算所对应的随机变量的取值 x_p，即求出满足式(7-3)的 x_p：

$$p = p(x > x_p) = \frac{\beta^\alpha}{\Gamma(\alpha)} \int_{x_p}^{\infty} (x - \alpha_0)^{\alpha-1} e^{-\beta(x-\alpha_0)} dx \qquad (7-3)$$

对洪水预报误差进行 Pesrson-Ⅲ型分布曲线适线后求得相应函数参数，进而根据汛限水位动态控制风险概率公式计算：

$$P = 1 - \mu_z(z) \cdot p = 1 - \mu_z(z) \frac{\beta^\alpha}{\Gamma(\alpha)} \int_{x_p}^{\infty} (x - \alpha_0)^{\alpha-1} e^{-\beta(x-\alpha_0)} dx$$

$$= \mu_z(z) \frac{\beta^\alpha}{\Gamma(\alpha)} \int_{x_{min}}^{\infty} (x - \alpha_0)^{\alpha-1} e^{-\beta(x-\alpha_0)} dx \qquad (7-4)$$

式中：$\mu_z(z)$ 为引起风险的相对隶属度；x_{min} 为预报所造成的最小误差。

$\mu_z(z)$ 用以表示在汛期不同起调水位所导致的危害相关度，在此将其设置为水库汛期起调水位超过汛限水位的度，计算公式如下：

$$\mu_z = \begin{cases} 0 & Z < Z_{汛限} \\ \dfrac{Z - Z_{汛限}}{Z_{坝} - Z_{汛限}} & Z \geqslant Z_{汛限} \end{cases} \qquad (7-5)$$

式中：$Z_{汛限}$ 为水库汛限水位；$Z_{坝}$ 为水库坝体高程。

洪水预报精度同汛限水位动态控制风险率呈负相关关系，在采用风险率进行决策时应综合考虑汛限水位上调所引起的风险和效益。风险率大小仅为一数值，需配合一定的评价标准，不同决策者对风险的评价标准也不同，在此采用以下参考标准作为汛限水位动态控制风险评价依据(见表7-1)。

表 7-1　汛限水位动态控制风险评价标准

风险等级	风险率	风险分析
1	0~0.1	决策风险小，方案可行
2	0.1~0.2	风险较小，决策比较可靠
3	0.2~0.5	风险较大，决策不可靠
4	0.5~1.0	风险大，决策不可行

7.1.3.2　结果分析

基于洪水预报的汛限水位动态控制由于预报各个环节不可避免地存在误差，选取洪峰预报误差作为评价指标，采用汛限水位动态控制风险率公式，计算不同起调水位所对应的防洪风险大小，并依据评价标准进行分析。

目前预报系统对降雨过程的预见期能够达到 12 h，洪水预报的预见期可达 3 h，洪峰流量预报精度较高，但实际运行中还是存在误差，误差的存在引起水库调度风险，需对误差引起的风险进行计算和评估，为水库调度运行提供决策依据。

对大藤峡水库洪峰流量进行 Pesrson-Ⅲ型分布曲线适线,如图 7-2 所示。

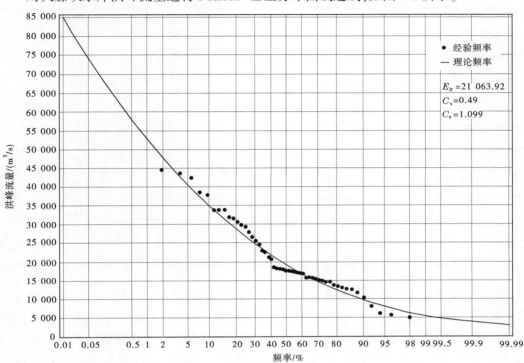

图 7-2　大藤峡洪峰流量频率曲线

根据大藤峡洪峰流量频率成果,$C_v = 0.49$,$C_s = 1.099$,洪峰流域预报平均精度 $\bar{x} = 0.96$,代入式(7-2)可以计算出汛限水位动态控制风险率函数参数如下所示:

$$\alpha = \frac{4}{C_s^2} = 3.31$$

$$\beta = \frac{2}{\bar{x} C_v C_s} = 3.87$$

$$\alpha_0 = \bar{x}\left(1 - \frac{2C_v}{C_s}\right) = 0.10$$

根据大藤峡水库的汛限水位和大坝高程,可以得到相对隶属度计算公式:

$$\mu_z = \begin{cases} 0 & Z < 47.6 \\ \dfrac{Z - 47.6}{64 - 47.6} & Z \leqslant 47.6 \end{cases} \quad (7\text{-}6)$$

从汛限水位动态控制风险率公式来看,当汛期运行水位不超过汛限水位时,风险率为 0,无防洪风险。对汛限不同运行水位进行风险率计算,计算成果见表 7-2。

表 7-2　汛期不同运行水位风险率计算成果

汛期运行水位/m	风险率	风险评价
49.6	0.001 7	可行
50.6	0.002 5	可行
51.6	0.003 3	可行
52.6	0.004 1	可行
53.6	0.005 0	可行
54.6	0.005 8	可行
55.6	0.006 6	可行
56.6	0.007 4	可行
57.6	0.008 3	可行
59.6	0.009 9	可行

通过对大藤峡水库汛期汛限水位动态控制风险率计算结果可以看出,基于预报预泄的水库汛期水位动态控制更多依赖于洪水预报精度,若预报精度准确可靠,则对水库防洪安全不产生影响;若洪水预报存在漏报、误报等现象,汛限水位越高则防洪风险越大。因此,在汛期根据现有预报技术水平,适当抬高汛限水位,对水库进行蓄水,在防洪风险可控的情况下,增加发电、供水、航运等综合效益。

7.2　发电优化调度风险应对措施

针对水电站水库发电优化调度中存在的风险,特别是汛限水位动态控制引起的风险,提出以下几点应对措施,保障水库调度决策方案的科学性、合理性和可靠性,在保证水利工程安全、不增加风险的情况下,提高水资源和水能资源利用率,解决地区供需矛盾,促进社会绿色可持续发展。

7.2.1　加强和完善雨、水、工情等基础信息监测

应加强流域雨、水、工情等基础信息的监测网络建设,提高监测能力和精度,充分利用卫星遥感、无人机、互联网、物联网等现代化监测技术,及时采集和传输各遥测水文站、雨量站等实时数据,并定期对历史数据资料进行统计分析,在实际调度运行中进行验证,确保数据连续、准确、可靠。

大藤峡坝址以上主要控制性水文站有迁江、柳州和对亭,3 站集水面积占坝址以上集水面积的 91.4%,水文站下游与坝址之间尚有 16 987 km² 区间面积,区间内现仅有 7 个雨量观测站,平均每站控制面积为 2 427 km²/站,且分布不均匀。根据《水文站网规划技术导则》(SL 34—2013),雨量站网密度应采用 300 km²/站,并要求均匀布设。因此,为提高大藤峡水库上游洪水预报精度,在充分利用现有水文站和雨量站的基础上,建议在库区

无控区间增加观测雨量站,为区间降雨洪水预报提供精度较高的基础资料。

水库基础设施的正常运行是保证防洪安全的基础条件,需加大监测基础设施投入,增强大坝安全监测预警能力;加强大坝安全监测监管,确保安全监测设施持续可靠运行;重视培训交流,提升监测人员的专业技术水平。日常管理和维护中注重基础设施安全监测,及时地发现、分析并消除安全隐患,确保工程安全可靠。

7.2.2　提高入库流量预报精度

准确的水文气象预报结果,是保证"预泄腾库"调度安全及实现预期腾库目标的关键。目前,水文预报方法发展迅速,层出不穷,然而没有哪一种水文预报方法可以解决所有流域的预报问题,其预报精度也亟待提高。一方面应提高对水文循环过程各环节物理机制分析,尽可能反映流域真实水文过程;另一方面则应因地制宜,结合流域自身的特点,研发适合本流域的水文预报方法,从而提高预报精度。日常工作中要加强水文预报系统的管理与维护,不断提高系统可靠性和预报精度;同时,还应注意与防汛、水文、气象部门联系沟通,努力实现水文气象预报信息的共享,进一步提高洪水预报信息来源的保障程度。

7.2.3　加强水库调度风险分析

加强水库调度风险分析,在考虑调度效益的同时,应综合考虑多目标、多风险调度,将风险分析成果应用于水库调度决策中,指导水库运行。另外,定性和定量分析相结合,针对不同安全主体的风险等级,选择合适的风险分析方法对风险进行估计和分析,为水库安全运行提供科学指导。随着科学技术的发展,各学科之间相互交叉渗透,可以将其他学科成熟的研究成果应用于水库调度风险分析,并对水库调度风险分析理论和实践进行探索。

7.2.4　增强调度决策人员自身能力

调度决策人员是实际运行操作调度方案的关键。加强对运行值班人员进行水库调度知识的培训,同样重视水库调度和电力调度,甚至更重视水库调度。在确保水库调度安全的情况下,逐步开展发电调度、优化调度及防洪调度等方面的知识培训以提高经济指标。获取信息、分析形势、制订方案及执行操作等过程需要消耗时间,这些时间虽不能准确控制,但可通过加强相应岗位工作人员的技术能力和执行速度有效减短,为泄洪调度方案顺利完成提供保障。不仅如此,决策者通过加强对新知识与技术的学习和对实际经验的总结,还能不断提高自身分析判断预报信息是否准确的能力,从而有效地应对短期预报过程中的漏报、空报和误报等误差,提高预报信息利用的科学性。

7.2.5　充分利用新技术新方法

随着计算机和人工智能技术的快速发展,在水库优化调度中引入人工智能、大数据等新技术新理念成为研究热点和未来发展趋势。计算机的快速运算和大容量存储能力,可以提高水库优化调度模型的计算效率,大大节省决策时间。根据水利工程的功能定位和全生命周期管理需求,加强信息化基础设施、数据资源、业务应用系统的整合建设,构建一个开放的、组件化的、标准化的集采集、存储、管理、分析、可视化于一体的数据中心及一体化应用支撑平台,基于物联网平台、数据中心、一体化应用支撑平台打造"全域感知、全程管控、全时决策"的全新系统架构,解决跨网、跨系统、跨部门的协同问题,提升管理的智慧化水平,有利于水利信息化健康、协调、可持续发展。随着 BIM、云计算、物联网等新技术新方法在水利行业的广泛应用,水库调度决策过程变得更加科学化、智能化和敏捷化,并向着可视化、交互化和集成化方向发展。

参考文献

[1] 蓝云龙,黎曙,李霞,等.1956—2020年黄河源区径流变化规律分析[J].陕西水利,2022(6):33-36.

[2] 张丽娜,孙颖娜,孔心雨,等.1980—2017年漠河市降水量变化趋势及突变特征分析[J].水利规划与设计,2022(6):58-62.

[3] 徐冬梅,王文川,邱林,等.不同类型指标对水库汛期分期的影响[J].应用基础与工程科学学报,2016,24(3):429-441.

[4] 鲍振鑫,张建云,王国庆,等.不同水文序列突变检测方法在漳河观台站径流分析中的对比研究[J].中国农村水利水电,2020(5):47-52.

[5] 张国祥.常用流域水文模型若干问题探讨[J].水科学进展,1994(3):248-253.

[6] 陈守煜.从研究汛期描述论水文系统模糊集分析的方法论[J].水科学进展,1995(2):133-138.

[7] 周如瑞,梁国华,周惠成,等.大伙房水库汛期分期研究[J].水资源与水工程学报,2013,24(6):145-148.

[8] 胡晓斌.大宁水库汛限水位动态控制方案及风险研究[D].北京:清华大学,2016.

[9] 冯尚友,余敷秋.丹江口水库汛期划分的研究和实践效果[J].水利水电技术,1982(2):56-61.

[10] 胡振鹏,冯尚友.丹江口水库运行中防洪与兴利矛盾的多目标分析[J].水利水电技术,1989(12):42-48.

[11] 谭维炎,黄宗信,刘健民.单一水电站长期调度的国外研究动态[J].水利水电技术,1962(4):49-51.

[12] 黄永皓,尚金成,康重庆,等.电力日前交易市场的运作机制及模型[J].电力系统自动化,2003(3):23-27.

[13] 陈敏.东江水库洪水预报调度系统研究与开发[D].武汉:武汉大学,2005.

[14] 宋志远.陡河水库入库洪水预报[D].郑州:华北水利水电大学,2016.

[15] 黄强,颜竹丘.对水电站水库长期最优调度几种方法的探讨[J].陕西水力发电,1987(3):1-7.

[16] 华家鹏,孔令婷.分期汛限水位和设计洪水位的确定方法[J].水电能源科学,2002(1):21-23.

[17] 董前进,王先甲,王建平,等.分形理论在三峡水库汛期洪水分期中的应用[J].长江流域资源与环境,2007(3):400-404.

[18] 王仁权,王金文,伍永刚.福建梯级水电站群短期优化调度模型及其算法[J].云南水力发电,2002(1):52-53.

[19] 吴东峰,何新林,付杨,等.改进矢量统计法在汛期分期中应用研究[J].水资源与水工程学报,2007(5):28-30.

[20] 张新.官厅水库汛限水位动态控制研究[D].北京:清华大学,2010.

[21] 甘富万,胡秀英,刘欣,等.广西境内西江流域洪水特性分析[J].广西大学学报(自然科学版),2015,40(1):244-250.

[22] 王学斌.呼图壁河径流变化规律分析[J].陕西水利,2020(4):35-36.

[23] 叶正伟.淮河流域洪水资源化的理论与实践探讨[J].水文,2007(4):15-19.

[24] 郑红星,刘昌明.黄河源区径流年内分配变化规律分析[J].地理科学进展,2003(6):585-590.

[25] 胡宇丰.黄龙滩水库洪水预报调度研究[D].南京:河海大学,2006.

[26] 王本德,郭晓亮,周惠成,等. 基于贝叶斯定理的汛限水位动态控制风险分析[J]. 水力发电学报,2011,30(3):34-38.

[27] 任明磊,何晓燕,黄金池,等. 基于短期降雨预报信息的水库汛限水位实时动态控制方法研究及风险分析[J]. 水利学报,2013,44(S1):66-72.

[28] 刘攀,郭生练,李响,等. 基于风险分析确定水库汛限水位动态控制约束域研究[J]. 水文,2009,29(4):1-5.

[29] 孙兆峰. 基于风险理论的水库汛限水位控制研究[D]. 杨凌:西北农林科技大学,2017.

[30] 张艳平. 基于洪水分类的水库汛限水位动态控制域研究及其风险分析[D]. 大连:大连理工大学,2012.

[31] 姜良勇. 基于集对分析理论的长江上游洪水遭遇分析[D]. 北京:华北电力大学,2021.

[32] 建剑波,曾智珍,卢金阁,等. 基于蒙特卡洛法的水库汛限水位动态控制风险分析[J]. 河南水利与南水北调,2020,49(2):18-20.

[33] 高鸿磊. 基于模糊集理论的白石水库分期汛限水位研究[D]. 沈阳:沈阳农业大学,2018.

[34] 李玮,郭生练,刘攀,等. 基于预报及库容补偿的水库汛限水位动态控制研究[J]. 水文,2006(6):11-16.

[35] 吕静渭. 泾河流域径流变化规律与预报模型研究[D]. 杨凌:西北农林科技大学,2010.

[36] 熊艺淞. 径流预报不确定性对西江水库群综合调度效益与风险影响分析[D]. 北京:中国水利水电科学研究院,2018.

[37] 张艳平,王国利,彭勇,等. 考虑洪水预报误差的水库汛限水位动态控制风险分析[J]. 中国科学:技术科学,2011,41(9):1256-1261.

[38] 曹瑞,程春田,申建建,等. 考虑蓄水期弃水风险的水库长期发电调度方法[J]. 水利学报,2021,52(10):1193-1203.

[39] 吴慧凤. 气候变化下晋江流域的洪水遭遇特征[D]. 福州:福建师范大学,2021.

[40] 王利. 三门峡水库多目标优化调度研究[D]. 南京:河海大学,2006.

[41] 钟逸轩. 三峡入库洪水集合概率预报方法与应用研究[D]. 武汉:武汉大学,2019.

[42] 刘攀,郭生练,王才君,等. 三峡水库汛期分期的变点分析方法研究[J]. 水文,2005(1):18-23.

[43] 张玉山,李继清,纪昌明,等. 市场环境下水电运营方式的探讨[J]. 水电自动化与大坝监测,2003(5):8-10.

[44] 张铭. 水电站优化运行与风险分析[D]. 武汉:华中科技大学,2008.

[45] 钟平安,唐林,张梦然. 水电站长期发电优化调度方案风险分析研究[J]. 水力发电学报,2011,30(1):39-43.

[46] 程毅. 水库分期汛限水位及其控制运用方法研究[D]. 扬州:扬州大学,2012.

[47] 胡岩. 水库分期汛限水位确定方法研究[D]. 济南:山东大学,2006.

[48] 郑姣,杨侃,倪福全,等. 水库群发电优化调度遗传算法整体改进策略研究[J]. 水利学报,2013,44(2):205-211.

[49] 林一萍,王勇. 水库群优化调度研究进展综述[J]. 农业与技术,2007(4):96-100.

[50] 李林,梁国华. 水库汛期分期的关键问题研究[J]. 水利规划与设计,2016(2):41-42.

[51] 王大洋. 水库汛期分期及汛限水位多目标模糊优选研究[D]. 南宁:广西大学,2017.

[52] 邓朝贤. 水库汛限水位调整方案的风险与效益分析[D]. 合肥:合肥工业大学,2009.

[53] 范子武,姜树海. 水库汛限水位动态控制的风险评估[J]. 水利水运工程学报,2009(3):21-28.

[54] 朱昊阳,黄炜斌,瞿思哲,等. 水库汛限水位动态控制域风险分析及方案优选[J]. 水利水电技术,2018,49(12):134-140.

[55] 李玮,郭生练,刘攀.水库汛限水位确定方法评述与展望[J].水力发电,2005(1):66-70.

[56] 刘攀,郭生练,王才君,等.水库汛限水位实时动态控制模型研究[J].水力发电,2005(1):8-11.

[57] 张改红,周惠成,王本德,等.水库汛限水位实时动态控制研究及风险分析[J].水力发电学报,2009,28(1):51-55.

[58] 刘涵.水库优化调度新方法研究[D].西安:西安理工大学,2006.

[59] 杨华.水文时间序列周期分析方法的研究[J].中国水能及电气化,2015(5):63-66.

[60] 夏军,穆宏强,邱训平,等.水文序列的时间变异性分析[J].长江职工大学学报,2001(3):1-4.

[61] 张姝琪,张洪波,辛琛,等.水文序列趋势及形态变化的表征方法[J].水资源保护,2019,35(6):58-67.

[62] 林沛榕,翟丽妮,马丽梅.水文序列趋势性分析方法在湖北幕阜山区的应用[J].水利水电快报,2020,41(4):16-19.

[63] 田小靖,赵广举,穆兴民,等.水文序列突变点识别方法比较研究[J].泥沙研究,2019,44(2):33-40.

[64] 王占海,王保华,温秋玲.维持河流健康运行的库群联合调度应用研究[J].人民珠江,2018,39(3):57-61.

[65] 高波,刘克琳,王银堂,等.系统聚类法在水库汛期分期中的应用[J].水利水电技术,2005(6):1-5.

[66] 陈炯宏,郭生练,刘攀,等.汛限水位动态控制的防洪极限风险分析[J].南水北调与水利科技,2008(5):38-40.

[67] 曹永强.汛限水位动态控制方法研究及其风险分析[D].大连:大连理工大学,2003.

[68] 牟宝权,单连君,吴岳岷,等.汛限水位动态控制方法在碧流河水库的应用分析[J].水文,2010,30(1):31-34.

[69] 孙建光,何晓燕,黄金池,等.汛限水位动态控制风险评估研究综述[J].人民黄河,2012,34(9):10-13.

[70] 赵恒.汛限水位动态控制风险评价方法与应用研究[D].郑州:郑州大学,2013.

[71] 陈进佳.汛限水位动态控制及其风险分析[D].昆明:昆明理工大学,2017.

[72] 刘攀,郭生练,李玮,等.用多目标遗传算法优化设计水库分期汛限水位[J].系统工程理论与实践,2007(4):81-90.

[73] 俞淞.漳河水库入库洪水预报方案研究[D].武汉:武汉大学,2005.

[74] 张敬平,黄强,赵雪花.漳泽水库水文序列突变分析方法比较[J].应用基础与工程科学学报,2013,21(5):837-844.

[75] 王厥谋,张瑞芳,徐贯午.综合约束线性系统模型[J].水利学报,1987(7):1-9.

[76] 王真荣.总径流非线性响应模型(TNLR)的研究及应用[J].武汉水利电力学院学报,1991(5):573-577.

[77] 文康,梁庚辰.总径流线性响应模型与线性扰动模型[J].水利学报,1986(6):1-10.

[78] 水利部珠江水利委员会.珠江流域主要水文设计成果复核报告[R].广州:水利部珠江委员会,2018.

[79] 中水珠江规划勘测设计有限公司.西江干流洪水实施调度方案研究报告[R].广州:中水珠江规划勘测设计有限公司,2012.

[80] 中水东北勘测设计研究有限责任公司,中水珠江规划勘测设计有限公司.大藤峡水利枢纽工程初步设计报告[R].广州:中水珠江规划勘测设计有限公司,2015.

[81] 中水东北勘测设计研究有限责任公司,中水珠江规划勘测设计有限公司. 大藤峡水利枢纽工程可行性研究报告[R]. 广州:中水珠江规划勘测设计有限公司,2014.

[82] 中水东北勘测设计研究有限责任公司,中水珠江规划勘测设计有限公司. 大藤峡水利枢纽工程项目建议书报告[R]. 广州:中水珠江规划勘测设计有限公司,2010.

[83] 丁晶. 随机水文学[M]. 成都:成都科技大学出报社,1988.

[84] 王文圣,金菊良,丁晶. 随机水文学[M]. 3版. 北京:中国水利水电出版社,2016.

[85] 包为民. 水文预报[M]. 3版. 北京:中国水利水电出版社,2006.

[86] 詹道江,叶守泽. 工程水文学[M]. 3版. 北京:中国水利水电出版社,2000.

[87] 叶秉如. 水资源系统优化规划和调度[M]. 北京:中国水利水电出版社,2001.

[88] 张永平,陈惠源. 水资源系统分析与规划[M]. 北京:中国水利电力出版社,1995.

[89] 叶秉如. 水利计算及水资源规划[M]. 北京:中国水利电力出版社,1995.

[90] 同济大学函授数学教研室. 高等数学[M]. 2版. 上海:同济大学出版社,1998.

[91] 清华大学. 运筹学[M]. 北京:清华大学出版社,1982.

[92] 水利部水利水电规划设计总院. 水库汛期水位动态控制方案编制关键技术研究[M]. 北京:中国水利水电出版社,2015.

[93] 董子敖. 水库群调度与规划的优化理论和应用[M]. 济南:山东科学技术出版社,1989.

[94] 电力工业部成都勘测设计院. 水能设计[M]. 北京:电力工业出版社,1981.

[95] 梅亚东. 水资源规划及管理[M]. 北京:中国水利水电出版社,2017.

[96] 中华人民共和国水利部. 水利计算规范:SL 104—2015[S]. 北京:中国水利水电出版社,2015.

[97] 吴育华,杜纲. 管理科学基础[M]. 天津:天津大学出版社,2001.

[98] 水利部珠江水利委员会,《珠江续志》编纂委员会. 珠江续志(1986—2000)(第三卷)[M]. 北京:中国水利水电出版社,2009.

[99] 水利电力部中南勘测设计院. 红水河龙滩水电站初步设计报告[R]. 长沙:水利电力部中南勘测设计院,1989.

[100] 水利电力部昆明勘测设计院. 南盘江天生桥一级水电站可行性研究报告[R]. 昆明:水利电力部昆明勘测设计院,1984.

[101] 国家电力公司贵阳勘测设计研究院. 北盘江光照水电站可行性研究报告(重编)[R]. 贵州:国家电力公司贵阳勘测设计研究院,2003.

[102] 施熙灿. 水利工程经济[M]. 3版. 北京:中国水利水电出版社,2005.